过滤泡

互联网对我们的隐秘操纵

[美] 伊莱·帕里泽（Eli Pariser）◎ 著

方师师 杨媛 ◎ 译

The
Filter
Bubble

What the Internet is
Hiding from You

中国人民大学出版社
· 北京 ·

新闻与传播学译丛 · 学术前沿系列

丛书主编　刘海龙　胡翼青

总　序

在论证"新闻与传播学译丛·学术前沿系列"可行性的过程中，我们经常自问：在这样一个海量的论文数据库唾手可得的今天，从事这样的中文学术翻译工程价值何在？

国内 20 世纪 80 年代传播研究的引进，就是从施拉姆的《传播学概论》、赛弗林和坦卡德的《传播理论：起源、方法与应用》、德弗勒的《传播学通论》、温德尔和麦奎尔的《大众传播模式论》等教材的翻译开始的。当年外文资料匮乏，对外交流机会有限，学界外语水平普遍不高，这些教材是中国传播学者想象西方传播学地图的主要素材，其作用不可取代。然而今天的研究环境已经发生翻天覆地的变化。图书馆的外文数据库、网络上的英文电子书汗牛充栋，课堂上的英文阅读材料已成为家常便饭，来中国访问和参会的学者水准越来越高，出国访学已经不再是少数学术精英的专利或福利。一句话，学术界依赖翻译了解学术动态的时代已经逐渐远去。

在这种现实面前，我们的坚持基于以下两个理由。

一是强调学术专著的不可替代性。

目前以国际期刊发表为主的学术评价体制导致专著的重要性降低。一位台湾资深传播学者曾惊呼：在现有的评鉴体制之下，几乎没有人愿意从事专著的写作！台湾引入国际论文发表作为学术考核的主要标准，专著既劳神又不计入学术成果，学者纷纷转向符合学术期刊要求的小题目。如此一来，不仅学术视野越来越狭隘，学术共同体内的交流也受到影响。

国内的国家课题体制还催生了另一种怪现象：有些地方，给钱便可出书。学术专著数量激增，质量却江河日下，造成另一种形式的学术专著贬值。与此同时，以国际期刊发表为标准的学术评估体制亦悄然从理工科渗透进人文社会学科，未来中国的学术专著出版有可能会面临双重窘境。

我们依然认为，学术专著自有其不可替代的价值。其一，它鼓励研究者以更广阔的视野和更深邃的目光审视问题。它能全面系统地提供一个问题的历史语境和来自不同角度的声音，鼓励整体的、联系的宏观思维。其二，和局限于特定学术小圈子的期刊论文不同，专著更像是在学术广场上的开放讨论，有助于不同领域的"外行"一窥门径，促进跨学科、跨领域的横向交流。其三，书籍是最重要的知识保存形式，目前还未有其他真正的替代物能动摇其地位。即使是电子化的书籍，其知识存在形态和组织结构依然保持了章节的传统样式。也许像谷歌这样的搜索引擎或维基百科这样的超链接知识形态在未来发挥的作用会越来越大，但至少到现在为止，书籍仍是最便捷和权威的知识获取方式。如果一位初学者想对某个题目有深入了解，最佳选择仍是入门级的专著而不是论文。专著对于知识和研究范式的传播仍具有不可替代的作用。

二是在大量研究者甚至学习者都可以直接阅读英文原文的前提下，学术专著翻译选择与强调的价值便体现出来。

在文献数量激增的今天，更需要建立一种评价体系加以筛选，使学者在有限的时间里迅速掌握知识的脉络。同时，在大量文献众声喧哗的状态下，对话愈显珍贵。没有交集的自说自话缺乏激励提高的空间。这些翻译过来的文本就像是一个火堆，把取暖的人聚集到一起。我们希冀这些精选出来的文本能引来同好的关注，刺激讨论与批评，形成共同的话语空间。

既然是有所选择，就意味着我们要寻求当下研究中国问题所需要关注的研究对象、范式、理论、方法。传播学著作的翻译可以分成三个阶段。第一个阶段旨在营造风气，故而注重教材的翻译。第二个阶段目标在于深入理解，故而注重移译经典理论著作。第三个阶段目标在于寻找能激发创新的灵感，故而我们的主要工作是有的放矢地寻找对中国的研究具有启发的典范。

既曰"前沿"，就须不作空言，甚至追求片面的深刻，以求激荡学界的思想。除此以外，本译丛还希望填补国内新闻传播学界现有知识结构上的盲点。比如，过去译介传播学的著作比较多，但新闻学的则相对薄弱；大众传播的多，其他传播形态的比较少；宏大理论多，中层研究和个案研究少；美国的多，欧洲的少；经验性的研究多，其他范式的研究少。总之，我们希望本译丛能起到承前启后的作用。承前，就是在前辈新闻传播译介的基础上，拓宽加深。启后，是希望这些成果能够为中国的新闻传播研究提供新的思路与方法，促进中国的本土新闻传播研究。

正如胡适所说："译事正未易言。倘不经意为之，将令奇文瑰宝化为粪壤，岂徒唐突西施而已乎？与其译而失真，不如不译。"学术翻译虽然在目前的学术评价体制中算不上研究成果，但稍有疏忽，却可能贻害无穷。中国人民大学出版社独具慧眼，选择更具有学术热情的中青年学者担任本译丛主力，必将给新闻传播学界带来清新气息。这是一个共同的事业，我们召唤更多的新闻传播学界的青年才俊与中坚力量加入荐书、译书的队伍中，让有价值的思想由最理想的信差转述。看到自己心仪的作者和理论被更多人了解和讨论，难道不是一件很有成就感的事吗？

多方赞誉

互联网越来越少地向我们展示广阔世界，而把我们锁定在熟人邻里之间。正如伊莱·帕里泽所说的，其风险在于，我们每个人都可能无意中聚集在了一个贫民窟中。

——克莱·舍基，《人人时代》和《认知盈余》作者

"个性化"听起来很温和，但是伊莱·帕里泽巧妙地构建了一个案例，指出它在互联网上的出色表现将引发一场信息灾难——除非我们注意到他的警告，以及保持一流的新闻敏感度和进行正确的分析。

——史蒂夫·利维，《谷歌总部大揭秘：
谷歌如何思考、运作，形塑你我的生活?》作者

我们使用的互联网软件越来越智能，越来越符合我们的需求。伊莱·帕里泽透露，风险在于我们越来越看不到其他视角。在《过滤泡》中，他向我们展示了这种趋势是如何强化党派偏见和狭隘思维方式的，并指出了走向更宏大的在线视角多样性的路径。

——克雷格·纽马克，克雷格列表（Craigslist）广告网站创始人

伊莱·帕里泽写了一本必读之书，内容是关于当代文化的核心问题之一：网络的个性化。

——卡特琳娜·菲克，Flickr 图片网站和 Hunch 网站联合创始人

虽然你经常在网上耗费大把时间，但我敢打赌——你一定不了解网络的运作方式。伊莱·帕里泽的这本杰作同时做到探究真相与诠释现象，不但揭开了特定信息的流向之谜，也说明了我们该如何重返思想交流的广场。本书读来趣味横生，让人对日常偶遇的新知有了更深层次的领悟。

——比尔·麦奇本，《大自然的尽头》《地球·地殇：
如何在质变的地球上生存》作者，350. org 环保网站创办人

《过滤泡》展示出寓意丰富的在线设计其意料之外的后果是如何给政治带来深刻而突然的变化的。所有人都同意，互联网是变革的有力工具，但变革是好是坏，取决于创造和使用它的人。如果你觉得网络是为你打开的世界之窗，你需要浏览这本书来理解你没有看到的东西。

——杰伦·拉尼尔，《你不是个玩意儿》作者

十多年来，反省人士一直在担心：当网络的个性化发展到极致时，会产生怎样的后果？伊莱·帕里泽在本书中的剖析是最鞭辟入里、发人深省的。

——劳伦斯·莱斯格，《代码：塑造网络空间的法律》
《谁绑架了文化创意？：如何找回我们的自由文化》
《REMIX，将别人的作品重混成赚钱生意》作者

在我认识的对数字科技与民主程序的交互进行研究的人当中，伊莱·帕里泽不仅见解是最精辟的，其历练也无人能出其右。《过滤泡》一书挑明了计算机程序是如何限制用户眼界，如何更能预测网友反应的。只要你关心人类在数字世界中将何去何从，你就应该阅读本书——而如果亚马逊网站给你漏推了这本书，你就更应该详读。

——道格拉斯·拉什科夫，《公司化的生活》《编程还是被程序化》作者

在《过滤泡》一书中，伊莱·帕里泽揭示了个性化网络刊登新闻的宗旨：只有适合你的新闻我们才刊登。

——乔治·莱考夫，《别想那只大象》《政治头脑》作者

伊莱·帕里泽忧心忡忡。他非常关心我们共同的社会领域，认为它处于危急之中。他对互联网趋势的彻底调查让我也心有戚戚。他甚至给我讲授了很多关于脸书的事情。《过滤泡》一书必读。

——戴维·柯克帕特里克，《脸书效应》作者

一个由熟悉的世界构成的世界是没有任何东西可以学习的，隐形的自动宣传用我们自己的想法再灌输回我们。

——《经济学人》

在《过滤泡》一书中，伊莱·帕里泽详细分析了每一次点击、刷新和敲击键盘如何让接下来出现的信息发生变形，由此创造出一种近乎虚构的量身定制的现实。

——《纽约时报》

《过滤泡》一书提出了以下重要的问题，当大型互联网公司垄断技术和数据时，我们如何来认知和面对这一新型的"监控"和"霸权"，这一重要的社会中介形式又将给我们的社会带来怎样的影响和挑战？

——李良荣，复旦大学新闻学院教授，浙江传媒学院新闻与传播学院院长

对整合型隐私的伤害不仅仅表现为隐私主体在短期内"无感"，有时还不断主动提供伤害的资源——持续提供数据信息以促使隐私主体接受个性化服务，于是，"隐私悖论"成为每个现代社会成员深陷其中的一个困局。

——顾理平，中国新闻史学会媒介法规与伦理研究委员会会长

在互联网时代，期盼、呼吁"科技向善"的同时，提升网络素养也是当务之急。"过滤泡"概念使我们得以重新审视基于搜索引擎的信息获取模式的弊端，更好地趋利避害。

——戴丽娜，上海社会科学院新闻研究所副所长

《过滤泡》这本书重点分析搜索引擎在个体认知和集体意识的形成、演化过程中可能产生的影响，提供了一个可用于探讨技术和数据利用的社会影响的分析框架。目前，中外网络安全及数据安全立法的关注点正在从传统的保密性、完整性、可用性转向规制技术和数据在利用过程中可能带来的各种安全风险。相信这本书将有利于各相关群体更有效地参与到立法和监管的讨论过程中。

——洪延青，国家标准《信息安全技术个人信息安全规范》主要起草人

过滤泡：天使还是魔鬼

顾理平　　中国新闻史学会媒介法规与伦理研究委员会会长
南京师范大学新闻与传播学院教授、博士生导师

随着网络时代的到来，曾经被视作想象场景的数字化生存已经变成了一种生活现实。数字化给人们的生活提供了无限的可能性，网络社会中的公民由此可以心安理得地享受着数字化带给自己的各种便利：轻点鼠标，可以轻松感知世界格局的风云变幻、经济指标的沉浮起落；轻划屏幕，可以快捷地接收到得体的衣服、可口的饭菜；远隔重洋，视频通话可以让思念的人微笑着面对面交流……海量存储于网络并持续流动着的数据信息变成了无可挑剔的"贴心管家"，它几乎无所不能地满足着人们的物质欲望和精神需求。直到有一天，人们忽然发现自己的个人饮食癖好、穿着品味乃至价值观和意识形态都在无形中被他人知晓，自己变成了毫无遮掩的"透明人"，这时才突然发现数据信息通过某种途径，突然由无所不能的"贴心管家"变成了无所不知的隐形"超级间谍"。隐私不保成为了一种生活常态；人们正在被他人无处不在、无时无刻地"凝视"，当然也可以肆无忌惮地"凝视"他人。这是一种多么可怕的生活常态！

美国学者马克·波斯特（Mark Poster）通过对网络与社会关系的长期研究得出结论：人们在上网时总是倾向于认为自己是在一个私人场合说话，但实际上网络是一个公共场合。他根据法国思想家福柯的话语、权力概念和全景监狱理论，结合数据信息的进展，提出了网络社会的统治模式是超级全景监狱。他认为超级全景监狱相对于全景监狱而言是一种新型的统治模式，它瓦解和重构了个人身份，并使权力对个体的监控超越了时间、空

间的限制，渗透到人们的日常生活之中。与此同时，人们在不知不觉间还心甘情愿地接受这种统治。而伊莱·帕里泽的"过滤泡"理论则是对数据信息和隐私关系更有意义的深层解读：过滤泡不仅仅是对个体的监控，更是一种操纵。"新一代的网络过滤器通过观察你可能喜欢的事物——你实际做过什么或者和你相似的人喜欢什么——试图推断你的好恶。它们是预测引擎，不断创造和完善着一整套关于你的理论：你是谁，下一步会做什么，你想要什么……这从根本上改变了我们接触观念和信息的方式。"伊莱·帕里泽认为过滤泡引入了三种前所未有的动态力量：首先，用户被孤立和隔绝，在过滤泡里只有你一个人。其次，过滤泡是不可见的，也就是说其立场是隐藏的。最后，过滤泡是强制性的。提示"过滤泡"的存在并探寻到这三种新生力量，不仅会让我们对数据信息和隐私保护问题有全新的认知，更会对我们理解世界的方式带来深刻影响。我们如果想知道世界到底是什么样子的，就必须了解过滤器是如何塑造和扭曲我们对世界的看法的。

随着网络中海量数据信息的留存和数据挖掘技术的成熟，以算法推荐为支撑的个性化服务成为以谷歌、脸书、亚马逊等为代表的网络巨头增加用户黏性的招牌标签。人们心甘情愿地在交换中（上传数据信息以获取服务）得到个性需要的满足。但是，"天下没有免费的午餐"，更没有"免费的定制午餐"。个性化服务是以个性化的数据信息收集和分析为基础的，尽管这些网络巨头都声明会对个人数据信息保密，"但其他的热门网站和应用程序——从机票比价网站 Kayak.com 到共享插件小工具 AddThis——并没有这样保证。在你访问的网页背后，一个浩瀚的新兴市场正在不断壮大，你在网上的所作所为蕴含着无穷的商机"，背后的推手是像 BlueKai（基于云的大数据平台）和安客诚（Acxiom，一家大数据公司）这样的个人数据公司。"仅安客诚一家，资料库就包括了 96% 的美国人，数据库中为每个人平均积累了 1 500 条记录，从信用评分到是否购买过大小便失禁的药物，统统记录在案。"这是一张令人触目惊心的数据网，在这个网络中的每个个体都是一种"赤裸裸的存在"，面对这样的生存场景，每个人都会感到细思极恐。

　　数字化生存成为现实和大数据时代的到来，让公民的隐私面临前所未有的挑战。前大数据时代，人们的隐私主要以生物隐私的方式存在。隐私主体可以通过对自己隐私可感可知的主动掌握，了解其所处的状态。进入大数据时代后，整合型隐私作为一种公民隐私的新类型开始出现并不断增加。整合型隐私是通过数据挖掘技术将人们在网络上留存的数字化痕迹进行有规律整合而形成的隐私。它基于大数据而产生，与生物隐私相比较，具有隐形性、多样性、可变性等多种特征。而在对公民的伤害方面，则具有"无感伤害"的特征：数据公司如何利用这些数据信息是秘而不宣的，因此，这种因为不当使用对公民隐私造成的伤害并不是不存在，而是隐私主体没有及时感知，导致伤害具有滞后性，且伤害程度更为严重。更加令人担忧的是，对整合型隐私的伤害不仅仅表现为隐私主体在短期内"无感"，有时还不断主动提供伤害的资源——持续提供数据信息以促使隐私主体接受个性化服务，于是，"隐私悖论"成为每个现代社会成员深陷其中的一个困局。

　　1994年春季的某一天，美国著名的未来学家尼古拉斯·尼葛洛庞帝（Nicholas Negroponte）正在他创办的麻省理工学院媒体实验室思考一个困扰很多人的问题：面对数目繁多的电视频道，该选择观看什么节目？把电视当作一种具有嵌入式智能的设备，由观众需求远程控制，"你的智能代理可以阅读地球上的每一条新闻和每一份报纸，捕捉每一个电视和广播节目，然后得出个性化的结论（告诉你）"。智能化、个性化和嵌入式是他提出的解决问题的对策。这种利用数字化技术促进社会生活转型的前瞻性思想确实帮助人们进入了一个美丽新世界，但是，他的创造性的思想也许并没有更多地预见这种革命性的变化对人们隐私可能的严重冒犯。

　　隐私是每个公民精心守护的私家后院，是每个人独享内心安宁的悠闲栖息地。它是公民人格权保护的主要内容，更是公民个人尊严得以守护的重要标志。神通广大的网络巨头有义务在法治理念和技术手段的共同作用下，以对公民隐私信息的有效保护，向人类尊严致敬！

关于互联网，你需要知道的事

方师师 上海社会科学院新闻研究所副研究员

互联网意味着与整个世界连接，将所有人联系起来。而搜索引擎作为互联网的入口，每天引导着数十亿用户的信息访问。人们通过搜索引擎服务关注时事新闻，查询健康信息，了解产品资讯，进行社交互动。以谷歌为例，作为世界上最为流行的搜索引擎，其每秒钟有 6.3 万次搜索，一天可以达到 55 亿次，全年至少有 2 万亿次。中国互联网络信息中心（CNNIC）2019 年 8 月发布的《第 44 次中国互联网络发展状况统计报告》显示，截至 2019 年 6 月，我国搜索引擎用户规模达 6.95 亿，手机搜索用户规模达 6.62 亿，高居网民各类互联网应用使用率的第 2 位。

无须多言，搜索引擎为用户提供了一种在海量信息时代快速便捷获取信息的方案，但在享受这一便利的同时，一系列问题则开始引发关注。谷歌、脸书、亚马逊、网飞等一些互联网巨头公司通过搜索引擎的过滤器和算法，来决定我们在互联网上能看到什么，不能看到什么；雅虎新闻、《赫芬顿邮报》、《华盛顿邮报》、《纽约时报》等都在大力推广个性化服务，致力于让不同的用户得到不同的信息。2019 年初，引发热议的"百度搜索变成百家号搜索"事件指出了搜索引擎对于新闻呈现的偏向问题；有媒体曾报道山东临沂一女子误信百度排名推荐的医院，去清洗手部文身不成反添新疤痕，而该医院正是之前被揭发与百度"竞价排名"有着密切利益关系的"莆田系医院"之一。算法霸权、隐性操纵、算法偏向、虚假信息、竞价排名、隐私泄露等问题，使得互联网公司的技术机制、信息来源和商业模式饱受质疑。而对于这个问题虽然不是最早但最为著名的观点，就集中体现在美国互联网观察家伊莱·帕里泽的这本《过滤泡》中。

伊莱·帕里泽1980年12月17日出生于美国缅因州林肯维尔，2000年毕业于巴德学院西蒙洛克分校，获得法律与政治科学学士学位。目前是Upworthy网站执行总裁，之前担任过网络民运先锋组织MoveOn.org的主席和执行董事，还是全球规模最大的公民社团之一Avaaz.org的联合创始人。由他执笔的评论曾刊登在《华盛顿邮报》《洛杉矶时报》《华尔街日报》的论坛上。

2011年3月，伊莱·帕里泽在TED的一次演讲中提出了"过滤泡"的概念，用来指认一种"智能隔离状态"：受技术媒介的影响，用户与不同的意见信息分离，被隔离在自己的文化或思想泡沫中。帕里泽呼吁那些可以形塑互联网功能与使用的巨头公司要正视这种信息过滤形式，仔细考虑其可能给社会带来的负面效应。该演讲虽然只有不到10分钟，但在YouTube网站上点击量累计超过400万次。帕里泽有着强烈的社会公共意识，认为互联网公司有义务也有能力将公共利益纳入自身的考量范围，发挥工匠精神和技术优势，让算法更透明，让用户更知情，让服务更可信。之后在此基础上出版的《过滤泡》一书，更是引发了轰动式的反响。实际上，帕里泽还有一本书也讨论了一个与此相关的问题：个性化的网络如何改变了我们的所看所想？至此，"过滤泡"同"信息茧房""回音室"等概念一道，成为论述互联网结构性社会影响的关键概念。

对于搜索引擎，一直以来有三种主流的观点。

第一种是"管道论"。该观点认为，搜索引擎是连接人与网络世界的一条管道（conduit），其存在的意义就是如实地将网络世界的信息传达给用户。"管道论"带有明显的网络中立和技术中立的思路，强调搜索引擎这一"技术物件"是"价值无涉"的。2009年时，垂直搜索引擎Foundem的联合创始人亚当·拉夫（Adam Raff）在《纽约时报》上发表文章，指责谷歌的搜索引擎为突出自己旗下的比价产品排挤其他品牌。针对这一现象，拉夫呼吁执法部门应当以违反"搜索中立"原则为由对谷歌进行管制。

第二种是"编辑论"。与"管道论"的"价值中立"不同，"编辑论"认为搜索引擎可以对内容进行自主选择，有权决定将哪些信息呈现给哪些用户。2013 年发表于《纽约时报》的评论文章《谷歌像汽油还是像钢铁》（Is Google like gas or like steel?）就是对于这一观点的集中体现。该文认为，搜索引擎的性质和出版社十分类似，出版社编辑有权按照自己的标准对书稿进行编辑，那么搜索引擎也有权根据自己的理解从浩瀚的互联网中挑选出提供给用户的信息。文章作者认为，搜索引擎的这种权利是得到了美国宪法第一修正案确认的，因此应得到保护。

第三种是"顾问论"。美国马里兰大学法学院教授詹姆斯·格里梅尔曼（James Grimmelmann）曾对"管道论"和"编辑论"都提出了批评，认为这两种理论都只是站在搜索引擎的角度谈问题，却忽略了搜索引擎的服务对象——用户。在他看来，理想的搜索引擎应该站在用户立场上，像顾问一样为用户提供所需要的信息。根据这一观点，"搜索引擎系统地倾向支持某一类型的内容并非过错"，但前提是这种倾向是基于用户的偏好进行的。

就本书而言，帕里泽对于搜索引擎的观点可能更偏向于第三种，但又更进一步。首先，对于搜索引擎的这三种隐喻式的观点代表了对技术在信息传播过程中应该承担何种角色的主要认知，但这些隐喻基本上都是从静态的、单向的角度来看待这个问题的。在本书中，作者将搜索引擎对于内容的呈现表现为一个动态的、共谋的过程，通过大量的案例和访谈强调其是一种"技术与社会互动的机制"。

其次，不管是"管道论""编辑论"还是"顾问论"，都不能简单地照搬过来作为评价搜索引擎的标准。在本书中，作者提出了一种更为全面、客观的"社会福利"视角，从而避开了单一的运营商或用户的主观视角，或许更为可取。

最后，不管是何种论断，这些观点都回避了一个重要前提：用户如果对搜索引擎的信息呈现机制一无所知，那么如何判断这些经由算法和利益调整后的结果？本书恰恰捅破了搜索引擎这层"窗户纸"，指出了这是件技术的"皇帝新衣"。

搜索引擎位于互联网经济的核心，如此重大地影响人们生活中诸多关键决策，但其社会影响形式却是隐秘的。哥伦比亚大学法学院教授吴修铭

（Tim Wu）认为：通信技术的每一次主要变迁都遵循着相似的模式，最先出现的是短暂却足以让人感到兴奋的开放性阶段，随后带有垄断性质的封闭性阶段会逐渐取代前者。这是一种"双重封闭"：一方面是技术本身的不透明性，另一方面则是对于用户信息接触的封闭性。正如任何一种技术都有其运作的社会场景，多种要素会共同影响用户的搜索引擎使用体验。这一过程的核心，会涉及互联网公司的排序算法、网页内容生产者对于搜索算法的利用和迎合，以及目前更为流行的基于用户使用习惯的个性化推荐等。而在搜索引擎提供的知识民主化的表象下，政治与商业对于知识的控制从明处走向了暗处，变得更加隐蔽，难以察觉。

网络技术对于信息传播具有"非对称性"：一端是广谱性的高效与便捷，另一端则是以牺牲公共利益为代价的特殊利益殖民化。当用户选择使用某个搜索引擎时，实际上是将自身对于信息接收的权利出让了一部分交给运营商和算法，让其"代理"用户进行信息获取。那么在这个过程中，运营商有责任公开其对于信息聚合、筛选、排序、推送的机制和效果，用户也有权自主选择结果。一系列对于搜索引擎的激烈争议也表明，这一技术有可能滥用了用户对返回结果的自然信任，模糊了对算法偏向的讨论，垄断了在线内容的可检索性，其效果类似于信息操纵。2015年一篇关于搜索引擎操纵效应的研究显示，谷歌带有偏向的搜索算法可以很容易地改变摇摆选民超过20%的投票偏好，在某些群体中这一改变甚至可以达到80%，但几乎没人知道他们正在被操纵。另外，受益于搜索引擎提供的便捷服务，用户会过度信任搜索结果，缺乏对其进行批判反思的意识，更少人会采用多种搜索工具交叉比对核实的方式定位信息，这种误导性的信任会加剧信息的非均衡分发，形成信息茧房和过滤泡，推动错误信息的传播。

"过滤泡"的概念提出后，也引发了一系列质疑、研究和讨论。比如哈佛大学法学教授乔纳森·齐特林（Jonathan Zittrain）对个性化过滤器扭曲谷歌搜索结果的程度提出质疑，称"搜索个性化的影响是轻微的"；沃顿商学院的研究发现，过滤器实际上可以在网上音乐品味中创造出共同性而不是将其碎片化；还有研究认为"过滤泡"现象被夸大了，实验发现搜索引擎给出的结果在人与人之间只有微小的区别，与意识形态几乎没有关系。无论支持还是反对，的确是"过滤泡"这个概念启发并开启了这一系列的研究。

　　本书虽然成书于 2011 年，其后互联网历经天翻地覆的变化，书中提到的一些互联网公司和应用甚至已经成为"互联网历史"，但书中的观点和结论不仅没有过时，反而得到后来更多现实案例的印证和支持。当我们满怀期望即将进入一个高速互联、线上线下无缝对接、全景式沉浸传播的时代时，多年前作者对于互联网未来生态发展的愿景，而今依然能够获得广泛的共识。"过滤泡"这一概念的重要社会影响在于它指出互联网巨头能够凭借自身的技术能力，对信息流动进行重组和垄断，它提醒用户在使用互联网时，要切实关注自身的隐私保护，对搜索引擎和各类网络应用保持清醒的态度。因为对于善的公共生活而言，透明且多样化的信息环境至关重要。

谨以此书

献给我的祖父雷·帕里泽

他教导我

科学知识的最佳用途

是追求更加美好的未来

感谢陪伴我的家人和好友

他们让我的世界充满

智慧、幽默与爱

过滤泡

互联网对我们的隐秘操纵

第五章
公众无关紧要

在互联网发展初期，很多人对新媒体抱有这样的远大愿景：它最终将提供一个媒介，让整个城镇甚至全国通过对话共同创造文化。但个性化给了我们一些非常不同的东西：一个被算法分类和操纵的公共领域，本质上是零碎的，并且排斥对话。这就引出了一个重要的疑问：为什么设计系统的工程师要这样编写算法？

第六章
你好，世界！

如果代码就是法律，软件工程师和极客就是编写法律的人。这种法律很奇怪，不由任何司法制度或立法委员会创立，却几乎可以完美地立即执行。帮助建立一个知情的、积极参与的公民群体，是最吸引人和最重要的工程挑战之一。解决这个问题需要同时具备技术技能和对人性的理解，这才是真正的挑战。我们需要更多的程序员来超越谷歌著名的口号"不作恶"，我们需要"成好事"的工程师。

第七章
被迫照单全收

人不能独自创造世界。你生活在个人欲望和市场因素的均衡之中。虽然在许多情形下，这种均衡让人生活得更健康、更幸福，但这种均衡也提供了让一切商品化的机会，甚至包括我们的感官。你可以不去理会广告，但如果广告通过增强认知一直强化到让你无法无视，甚至控制了你的注意力，那么这件事简直不堪设想。随着科技越来越善于左右我们的注意力，我们需要密切关注它把我们的注意力引向何方。

第八章
逃离小圈子

我们生活在一个日益算法化的社会里，从警察局的数据库到电力网，再到学校，我们的公共机构全都是基于程序来运行的。我们需要认识到，一个社会对于司法、自由和机会的价值观已经与代码的编写方式和作用目的息息相关。我们期待程序员能将公共生活和公民精神写进他们创造的世界。我们也希望网民能够监督和支持他们，使他们不要屈从于金钱压力而脱离正道。

前　言

互联网成为搜集和分析我们个人数据的工具。在你访问的网页背后，一个浩瀚的新兴市场正在不断壮大，你在网上的所作所为蕴含着无穷的商机，背后的推手是低调但利润丰厚的个人数据公司。

新一代的网络过滤器通过观察你可能喜欢的事物——你实际做过什么或者和你相似的人喜欢什么——试图推断你的好恶。它们是预测引擎，不断创造和完善着一整套关于你的理论：你是谁，下一步会做什么，你想要什么。这些引擎一起为我们每个人打造了一个独特的信息世界——我称之为"过滤泡"——从根本上改变了我们接触观念和信息的方式。

"代码就是法律。"如果真是这样，那么理解新的立法者的意图就非常重要了。我们需要了解谷歌和脸书的程序员秉持何种信念。我们需要了解推动个性化的经济和社会力量，哪些是不可避免的，哪些则不是。我们需要了解个性化对政治、文化和未来意味着什么。

过滤泡扭曲了我们对什么是重要的、正确的和真实的认识，因此亟须让它见见光，接受审视。而这就是本书想要做的事情。

和非洲死了一群人相比，你家门前死了一只松鼠的新闻更能引发你当下的注意。

——马克·扎克伯格（Mark Zuckerberg），脸书（Facebook）创始人

我们塑造工具，工具反过来塑造我们。

——马歇尔·麦克卢汉（Marshall McLuhan），媒体理论家

2009 年12月4日，谷歌（Google）公司的官方博客上贴出了一篇很少有人注意的文章。它并不显眼，既没有郑重声明，也没有硅谷惯用的大肆宣传，只有短短的几段文字，夹在谷歌每周一次的热门搜索词综述和谷歌财经软件更新的消息之间。

但并不是每个人都错过了这篇文章。研究搜索引擎的博主丹尼·沙利文（Danny Sullivan）为了把握谷歌未来发展的蛛丝马迹，经常仔细搜索和阅读这家大公司的官方博客，对他而言，这篇文章是个天大的消息。事实上，在当天晚些时候，他在博文中写道，这是"搜索引擎有史以来最大的变化"。对丹尼来说，这篇文章的标题说明了一切："每个人都有个性化的搜索。"

从那天早上起，谷歌开始使用57种"信号"（signals）——比如你登录网页的地理位置、使用的浏览器、之前搜索过的内容等——来猜测用户身份，揣摩用户喜好。即使用户退出登录，谷歌仍然可以预测搜索需求，调整搜索结果，显示用户最有可能点击的页面。

我们大多数人会认为，在谷歌输入一个关键词，我们都会看到相同的结果。众所周知，谷歌著名的网页排名算法（PageRank），会根据其他网页

的连接情况来呈现最具权威的结果。但从 2009 年 12 月以后，情况就不再是这样的了。现在，你得到的结果是谷歌针对你个人建议的最佳网页，而别人输入相同的关键词，得到的结果可能截然不同。换句话说，再没有放之四海而皆准的谷歌（搜索结果）了。

其实不难看出个中差异。2010 年春天，深水地平线（Deepwater Horizon）钻井平台发生事故，残留的油井持续向墨西哥湾泄漏原油，我请两位朋友搜索一下"英国石油公司"（BP）这个关键词。我这两位朋友有很多相似之处——都是白人女性，受过教育，思想左倾，住在美国东北部。但她俩得到的结果大不相同：一位看到的结果是英国石油公司的投资信息，另一位则看到了新闻。看到新闻的朋友，搜索结果的首页包含关于石油泄漏的相关网页，而第一位朋友，搜索结果的第一页除了英国石油公司的促销广告之外，对原油外泄的新闻只字未提。

甚至谷歌搜索到的结果数量也有所不同——一位朋友搜到了 1.8 亿条，另一位则是 1.39 亿条。同是进步派的两位来自美国东北部的女性，搜到的结果却大相径庭。如果其中一位是得克萨斯州共和党的老党员或是一位日本商人，则难以想象搜索结果会有多大差别。

随着谷歌开始为每个人量身定做搜索结果，如果有用户搜索"干细胞"，他们中一位是支持干细胞研究的科学家，另一位是反对干细胞研究的社会活动家，那么结果可能会南辕北辙。同样搜索"气候变化的证据"，环保人士和石油公司高管获得的结果也不相同。问卷调查显示，我们绝大多数人认为搜索引擎是公正的。但这可能只是因为搜索引擎的观念越来越偏向用户。你的电脑显示器越来越像一面单向镜，一方面忠实地反映你的个人兴趣，另一方面躲在镜子后面的算法则观察你的点击行为。

谷歌的这次声明是一个转折点，标志着我们的信息消费正经历一场重大却隐形的革命。你可以说在 2009 年 12 月 4 日那天，个性化的时代拉开了序幕。

我们绝大多数人认为搜索引擎是公正的。但这可能只是因为搜索引擎的观念越来越偏向用户。你的电脑显示器越来越像一面单向镜，一方面忠实地反映你的个人兴趣，另一方面躲在镜子后面的算法则观察你的点击行为。

20世纪 90 年代，我在缅因州的乡下长大，每个月会有一本新的《连线》（Wire）杂志寄到农舍，里面有不少关于美国在线（AOL）和苹果公司（Apple）的报道，以及黑客和技术专家是如何改变世界的内容。对于尚未进入青春期的我来说，我想当然地认为，互联网将促进全球民主，更加完善的资讯将连接起所有人，形成新知并且化知识为力量。《连线》杂志的作者们是加利福尼亚州的一群未来学家和技术乐观派，他们目光深邃，言之凿凿：一场无可避免的、不可抗拒的革命即将来临，这场革命将促进社会平等，推翻精英阶层，迎来无拘无束的全球乌托邦。

在大学期间，我自学了超文本标记语言（HTML）和一些初级的 PHP、SQL 编程语言，尝试为朋友们搭建网站，做一些大学里的项目。我通过电子邮件邀请朋友来浏览网站，那封邮件在"9·11"事件后广为传播，我突然间与来自全球 192 个国家和地区的 50 多万人取得了联系。

对一个 20 岁的年轻人来说，这是一次非同寻常的经历——几天之内，我就成为运动的中心。但这也使我难以招架。所以我加入了另一家来自伯克利的有公民意识的网络小企业 MoveOn. org。这家小企业的创始人是韦斯·博伊德（Wes Boyd）和琼·布莱兹（Joan Blades），曾经因为发明"飞行的烤面包机"（Flying Toasters）屏保程序而轰动一时。我们的首席程序员名叫帕特里克·凯恩（Patrick Kane），20 多岁，观念自由。他有一个咨询工作室叫"我们也遛狗"（We Also Walk Dogs），是以一个科幻故事命名的。公司的运营主管是"飞行的烤面包机"时期的老手卡丽·奥尔森（Carrie Olson）。我们都在自己家里工作。

这项工作本身平淡无奇，多半就是写写电邮，发送出去，做做网页。但我们都很兴奋，因为我们确信，未来资讯是透明的，互联网有潜力迎来一个新时代。用不了多久，领导人就可以与选民自由地直接交流，这种情形能改变全世界。互联网给选民赋予新的力量，可以聚集人气，传达民意。当时我们视华府深不可测，外有守门人，内部官僚盘踞，但互联网有潜力冲击这一旧体系。

> 民主制度要求公民必须将心比心，从彼此的角度看待事物，但现在，我们反而越来越被自己的过滤泡隔绝包围。民主依赖民众互相分享事实，但我们现在却生活在没有交集的平行宇宙中。

当我在 2001 年加入 MoveOn. org 时，我们大约有 50 万美国会员。如今我们的会员数已经飙升到了 500 万人，跻身于美国最大的倡导型团体行列，比全美步枪协会（NRA）人数还要多得多。在会员们的支持下，我们募集到的小额捐款超过 1.2 亿美元，用来支持我们共同的事业——全民医保、绿色经济、蓬勃发展的民主进程等等。

一时之间，互联网似乎将彻底重建民主社会。博客和公民记者将独挑重担，重建公共媒体。政治家只能积少成多，在日常小额捐助者的广泛支持下才能进行竞选。地方政府将变得更加透明，并对其公民负责。然而，我梦想的公民参与时代却迟迟不见到来。民主制度要求公民必须将心比心，从彼此的角度看待事物，但现在，我们反而越来越被自己的过滤泡隔绝包围。民主依赖民众互相分享事实，但我们现在却生活在没有交集的平行宇宙中。

脸书把我的这份担忧具体地呈现了出来。我注意到，我的保守派朋友从我的脸书页面上消失了。在政治上，我偏向左派，但我喜欢听听保守派们的想法，我努力交了一些这样的朋友，把他们加到脸书的联系列表中。我想看看他们会发些什么样的网页链接，通过阅读他们的评论，获取新知。

但他们发布的链接从未出现在我的头条新闻中。脸书显然在根据我的点击行为做计算，注意到相比保守派的朋友，我还是比较关注进步派，会更多地点击他们发布的链接，而例如女艺人卡卡女士（Lady Gaga）的最新视频显然比左右两派更受到我的青睐。所以脸书决定不再为我显示保守派的链接内容了。

我开始做些研究，试图去理解脸书如何根据我的喜好来决定向我展示什么和隐藏什么。事实证明，脸书并不是孤例。

虽然没人注意或大肆宣扬，但是数字世界正在发生着根本性的变化。《纽约客》（New Yorker）曾经刊登过一则广为流传的漫画——在网络世界，没人知道你是一条狗。作为曾经的匿名媒体，在互联网上你可以冒充任何人，但如今，互联网是搜集和分析我们个人数据的工虽然没人注意或大肆宣扬，但是数字世界正在发生着根本性的变化。互联网成为搜集和分析我们个人数据的工具。新版的互联网不仅仅知道你是一只狗，它还了解你的品种，想卖给你一碗上等的粗粒狗粮。"你得到了免费的服务，付出的代价是个人信息。"

具。根据《华尔街日报》（Wall Street Journal）的一项研究，从美国有线电视新闻网（CNN）到雅虎（Yahoo），再到微软的 MSN，排名前 50 的大互联网网站，平均每个会安装 64 个 cookies 和信标，用来截取和跟踪个人信息。在 Dictionary.com 网站搜索"抑郁"一词，网站会在你的电脑上安装多达 223 个 cookies 和信标，方便其他网站向你兜售抗抑郁的药品。在美国广播公司新闻网（ABC News）分享一篇烹饪的文章，接下来你可能会被特氟隆涂层锅的广告追着跑。哪怕只是打开一个关于配偶可能出轨的页面，在短短一个瞬间，你就等着被基因亲子鉴定的广告骚扰吧。新版的互联网不仅仅知道你是一只狗，它还了解你的品种，想卖给你一碗上等的粗粒狗粮。

对于谷歌、脸书、苹果和微软这样的互联网巨头来说，尽可能多地了解用户已经成为这个时代竞争的主战场。正如电子前沿基金会（Electronic Frontier Foundation）的克里斯·帕尔默（Chris Palmer）向我解释的那样，"你得到了免费的服务，付出的代价是个人信息。谷歌和脸书把这直接转化成了金钱"。虽然可能好用又免费，但谷歌邮箱（Gmail）和脸书又是极其高效和贪婪的工具，是提取我们生活中最私密细节的引擎。你光鲜的新的苹果手机知道你去了哪里，给谁打了电话，读了什么内容。凭借内置麦克风、陀螺仪和全球定位系统，它可以判断你是在走路、开车还是参加派对。

虽然到目前为止，谷歌承诺会对用户的个人数据保密，但其他的热门网站和应用程序——从机票比价网站 Kayak.com 到共享插件小工具 AddThis——并没有这样保证。在你访问的网页背后，一个浩瀚的新兴市场正在不断壮大，你在网上的所作所为蕴含着无穷的商机，背后的推手是像 BlueKai① 这样低调

---

① BlueKai 是一家基于云的大数据平台，成立于 2008 年，公司位于美国加利福尼亚州库比蒂诺，主要提供个性化的在线、离线和移动营销服务业务。甲骨文（Oracle）于 2014 年 2 月 24 日以约 4 亿美元收购了该公司和安客诚（Acxiom）。安客诚是一家总部位于加利福尼亚州旧金山市的大数据公司，主要提供用于营销的身份识别、身份解析、在线数据转移和分析等服务。——译者注

但利润丰厚的个人数据公司。仅安客诚一家，资料库就包括了 96% 的美国人，数据库中为每个人平均积累了 1 500 条记录，从信用评分到是否购买过大小便失禁的药物，统统记录在案。在快如闪电的通信协议的帮助下，不仅仅是谷歌全球搜索引擎和脸书

作为一种商业策略，互联网巨头的公式很简单：它们提供的信息越接近个人，能卖出的广告就越多，消费者就越有可能购买厂商提供的产品。这公式屡试不爽。

的各项服务，任何网站现在都可以分一杯羹。在"行为市场"的供应商看来，用户创造的每一个"点击信号"都是商品，鼠标的每一个动作都可以在几微秒内拍卖给出价最高的厂商。

作为一种商业策略，互联网巨头的公式很简单：它们提供的信息越接近个人，能卖出的广告就越多，消费者就越有可能购买厂商提供的产品。这公式屡试不爽。亚马逊（Amazon）的销售业绩高达数十亿美元，靠的就是揣测每个顾客的兴趣，并把这些他们心仪的商品放在虚拟商店的橱窗前。网络影音出租商网飞（Netflix）可以分析用户的电影偏好，再推荐类似的电影给用户。在用户支付的租金中，有高达 60% 是付给网飞推荐的影片的。网飞可以预测用户对于影片的评分，误差在半颗星之内。个性化是网络五虎——雅虎、谷歌、脸书、YouTube 和微软直播（Microsoft Live）的核心战略，也是其他无数网站的运营法宝。

脸书首席运营官（COO）谢里尔·桑德伯格（Sheryl Sandberg）曾在一次演讲中表示，在未来的三至五年中，网站如果不尽快针对用户量身订制服务，就肯定会过气。雅虎副总裁塔潘·巴特（Tapan Bhat）也表示同意："网络的未来是个性化……现在网络注重的是'个体'（me），重点是为用户个人打造一个智慧型和个性化的网络。"谷歌首席执行官（CEO）埃里克·施密特（Eric Schmidt）曾兴致勃勃地表示，他一直想构建的"产品"是"能猜出我想输入什么"的谷歌程序。2010 年秋天，谷歌推出"随打即搜"（Google Instant）功能，能在用户输入的同时猜测用户想要搜索的事物。而这仅仅是一个开始，施密特相信，用户希望谷歌能"告诉他们下一步该做什么"。

如果所有这些订制服务只是为了做些定向广告，那也还好。但个性化

左右的不仅仅是购物。快速增长的百分比显示，脸书提供的个性化新闻服务正成为用户的主要新闻源，30 岁以下的美国人中有 36% 是通过社交网站获取新闻的。脸书在世界范围内流行的程度飞升，每天都有近一百万人注册新账户。正如其创始人马克·扎克伯格喜欢吹嘘的那样，脸书可能是世界上最大的新闻来源（就广义的"新闻"而言）。

不仅是脸书，从老牌的雅虎新闻（Yahoo News）到《纽约时报》（*New York Times*）投资的初创企业 News. me，个性化正在全方位地形塑信息的流动。个性化影响着我们在 YouTube 或其他大大小小影音网站上看到的视频，影响着我们阅读到的博客文章。它还会影响我们的邮件接收，在 Ok Cupid 网站上和谁约会，Yelp 推荐给我们哪家餐厅——这意味着个性化不仅可以很容易地影响我们和谁交往，而且可以影响约会的地点以及话题。那些决定我们看见什么广告的算法现在开始编排我们的生活。

新互联网的基本核心程序实则非常简单。新一代的网络过滤器通过观察你可能喜欢的事物——你实际做过什么或者和你相似的人喜欢什么——试图推断你的好恶。它们是预测引擎，不断创造和完善着一整套关于你的理论：你是谁，下一步会做什么，你想要什么。这些引擎一起为我们每个人打造了一个独特的信息世界——我称之为"过滤泡"（filter bubble）——这从根本上改变了我们接触观念和信息的方式。

当然，在某种程度上，我们总是习惯使用那些符合我们兴趣和爱好的媒体，而忽略掉其他大部分。但是过滤泡引入了三种前所未有的动态力量：

首先，用户被孤立和隔绝。即便是专为高尔夫球迷开设的有线电视频道，虽然受众范围狭窄，但你还是可以和同好们共享一套框架和体系。但在过滤泡里，只有你一个人。这个时代，共享信息是共享经验的基石，而过滤泡是一种离心力，将人们分拆拉开。

其次，过滤泡是不可见的。无论是保守派还是自由派，大多数观众都知道在看新闻时，哪个频道有什么政治立场。但是，谷歌的立场是不透明的。谷歌不会告诉你它认为你是谁，也不会告诉你搜索结果的依据为何。你不知道它对你的假设是否准确，你甚至可能不知道它一开始就在对你做假设。我那两位搜索英国石油公司的朋友，其中一位获得了更多的投资类信息，但她不是股票经纪人，至今不明白为何谷歌会给出这样的结果。由于网站过滤信息的标准并非用户自定义，所以用户很容易误认为通过过滤泡得到的信息都是公正、客观和真实的。但事实并非如此，实际上置身泡沫内部，几乎不可能看出它有多偏颇。

新一代的网络过滤器通过观察你可能喜欢的事物——你实际做过什么或者和你相似的人喜欢什么——试图推断你的好恶。它们是预测引擎，不断创造和完善着一整套关于你的理论：你是谁，下一步会做什么，你想要什么。这些引擎一起为我们每个人打造了一个独特的信息世界——我称之为"过滤泡"（filter bubble）——这从根本上改变了我们接触观念和信息的方式。

最后，过滤泡是强制性的。当你收看福克斯新闻（Fox News）或阅读《国家周刊》（*Nation*）时，你都很清楚，你正在使用什么样的过滤器来了解这个世界。这是一个主动的过程，就像戴上了一副有色眼镜一样，你可以猜出编辑的倾向会如何塑造你的认知。但是个性化的过滤器不支持这样的选择，决策权在过滤程序手里。而且，因为使用过滤泡提高了网站的利润，未来用户将更加无处可躲。

当然，个性化过滤器的吸引力如此强大并非无缘无故。海量的信息已经将我们淹没：每天互联网上会产生90万篇博客文章，5 000万条推文，6 000多万条脸书状态更新和2 100亿封电子邮件①。埃里克·施密特喜欢比较古今产生的数据量：如果你记录下从远古到2003年所有人类交流的信息数据，大约有50亿GB的存储量。而现在，我们每两天就创建这么多数据。

即使是专业机构也在拼命赶上。美国国家安全局（National Security Agency）每天会从电话服务提供商美国电话电报公司（AT&T）在旧金山的

① 目前能够查到的最新数据大概如下：截至2020年年初，每天互联网上会产生200万篇博客文章（http：//hostingtribunal.com/blog/how-many-blogs/#gref）；2019年，在推特上每天发送500万条推文（https：//www.dsayce.com/social-media/tweets-day/）；截至2020年1月，脸书上每天有42 191万条状态更新（https：//zephoria.com/top-15-valuable-facebook-statistics/）；截至2019年年底，全球每天发送2 931亿封电子邮件（https：//www.campaignmonitor.com/blog/email-marketing/2019/05/shocking-truth-about-how-many-emails-sent/）。——译者注

资料中心拷贝大量的互联网数据备查。为了处理这些海量数据，美国国家安全局在美国西南部新建了两座体育场大小的综合大楼。他们面临的最大问题是电力缺乏：因为电脑处理这些数据需要耗费大量电力，电网的电力负担不起如此大规模的运算。美国国家安全局要求国会拨款建造新电厂。他们预计到 2014 年，数据将多到难以形容，现有的计算单位将无法描述这些数据，还需要发明新的计量单位。

无可避免的是，这将导致博客作家和媒体分析师史蒂夫·鲁贝尔（Steve Rubel）所说的"注意力崩溃"（the attention crash）。随着远距离交流和一对多通信的成本直线下降，我们将越来越无法事无巨细地事事关注。我们的注意力从短信跳到网页，再到电子邮件。在与日俱增的信息洪流中，有些是重要的信息，有些则只是略微相关，但光是浏览一下这些资讯，就可以耗费掉全部的工作时间。

所以当个性化过滤器伸出援手时，我们自然乐于接受。理论上，过滤程序确实可以帮助用户找到需要知道、看到和听到的信息，在铺天盖地的猫咪图片、伟哥广告、跑步机舞蹈音乐视频中筛选出真正重要的内容。网飞可以帮你在它庞大的 14 万部电影目录中找到适合你的电影，iTunes 的天才功能（Genius）会在你最喜欢的乐队发布新歌时提醒你注意。

最终，支持个性化的阵营希望打造一个量身定做的世界，方方面面都能契合个人的特点。这是一个舒适的地方，身边都是你最喜欢的人、事物和想法。如果再也不想听真人秀节目（或者像枪支暴力这样更为严肃的话题）了，我们就不必听。我如果知道关于瑞茜·威瑟斯彭（Reese Wither-spoon）① 的所有信息，就可以掌握她的一举一动。如果我们从不点击烹饪文章、电子产品资讯或者国际新闻，它们就会自动消失。我们永远都不会无聊，也永远都不会生气。我们的媒体完美地反映了我们的兴趣和愿望。

从表面上看，这是一个令人向往的前景，我们回归到托勒密的宇宙

---

① 美国女演员，1976 年出生于美国路易斯安那州新奥尔良，出演电影《律政俏佳人》（Legal-ly Blonde）、《一往无前》（Walk the Line）及《走出荒野》（Wild）等。她凭借《一往无前》夺得第 78 届奥斯卡金像奖及金球奖最佳女主角奖。——译者注

（Ptolemaic Universe），在这里，太阳和世间万物都围绕我们旋转。但这种以自我为中心是要付出代价的：当一切变得更加个性化时，我们可能会牺牲掉互联网最开始的那些优点。

当我为写这本书开始做研究的时候，个性化似乎只是一个微妙的甚至无关紧要的变化。但当我开始思考整个社会被个性化地调整后具有怎样的潜在意义时，才逐渐发现其重要性。我尽管非常关注技术的发展，但意识到有很多事情我不知道：个性化是如何运作的？驱动要素有哪些？未来趋势会怎样？最重要的是，个性化会对我们产生什么影响？将如何改变我们的生活？

在试图回答这些问题的过程中，我请教了社会学家、销售人员、软件工程师和法学教授。我采访了 OkCupid 网站的创始人之一，了解这种靠算法驱动的约会网站是如何运作的。我还访问了美国信息战的先锋人士。我对在线广告销售和搜索引擎的了解超出了我之前的预期。在接受我采访的人士中，既有怀疑互联网未来发展的人士，也有乐观的幻想家（还有人两种心态都有）。

在我整个的调查访问中，我惊叹于个性化和过滤泡的奥秘之深，个人想要完全理解，需要花费很长时间。当我采访谷歌个性化搜索的核心人物乔纳森·麦菲（Jonathan McPhie）时，他表示，算法将如何影响个别用户的使用体验，这几乎无法推测，因为有太多的变量和输入需要跟踪。因此，虽然谷歌可以观察到整体的点击行为，但要分析算法对个人有多大影响，几乎是不可能完成的任务。

我也对个性化深入你我生活的程度感到震惊——不仅仅是脸书和谷歌，几乎各大网站都已经进入了个性化的时代。"我认为这只神灯精灵不会再回到瓶子里去了。"沙利文跟我说。2000 年，法律学者卡斯·桑斯坦（Cass Sunstein）就以精辟犀利的笔触写了一本抨击媒体个性化的著作，这样的担忧已经持续了十年，现在正在迅速变成现实：个性化已经成为我们日常生

> 为防止"注意力崩溃"，我们乐于接受个性化过滤器伸出的援手。"过滤泡"是一个舒适的地方，身边都是你最喜欢的人、事物和想法，一切都围着你转。但这种以自我为中心是要付出代价的：当一切变得更加个性化时，我们可能会牺牲掉互联网最开始的那些优点。

活体验的一部分，但我们很多人都没有意识到。我们现在可以开始明晰过滤泡的功效和不足，以及这些优缺点对于我们社会和日常生活有着怎样的影响。

斯坦福大学法学教授瑞安·卡洛（Ryan Calo）告诉我，每项技术都有一个界面（interface），这是人的终点和技术的起点。虽然技术的任务是向你引介这个世界，但最终，它就像一个镜头一样，挡在你和现实之间。卡洛说，这个位置有很大的权力，"它有很多种方式扭曲你对世界的看法"。这正是过滤泡的作用。

使用过滤泡的代价既会落在个人身上，也会反映在文化上。使用个性化过滤器的个体都将承担其直接的后果（不用多久，不管我们是否意识到，大多数人将自食其果）。而当大众开始在过滤泡中生活时，社会后果也将浮现出来。

想要了解过滤程序是如何塑造我们个人体验的，最好的方法之一是将我们的信息接触看成是饮食成分。正如2009年社会学家丹娜·博伊德（Danah Boyd）在网络2.0大会上的演讲中所说：

> 人体之所以喜欢脂肪和糖分，原因在于在自然界中它们是较为罕见的……同样，我们天生就会关注刺激性的事物：粗俗、暴力或性的内容，以及羞辱、尴尬或冒犯的流言蜚语。如果不加注意，我们就会发展出相当于肥胖症的心理状况，我们会不知不觉消费对个体和社会整个来说最没有营养的内容。

改变了生产和运输方式后，工厂化的农业系统可以决定人们的饮食结构，同理，媒体的动力机制也会塑造我们的信息消费。现在，我们正迅速转向满载着与个人相关的资讯的餐桌。虽然使用起来很便利，但太过方便也会带来实质性的问题。如果我们放任个性化过滤器为所欲为，那么它会提供一种隐形的自我宣传，向我们灌输我们自己的想法，放大我们对熟悉事物的渴望，让我们忘记潜伏在未知的黑暗领域中的危险。

在过滤泡中，能够带来洞见和新知的机会减少了。创造力通常来自不同学科和文化的思想碰撞。如果不结合对烹饪和物理学的了解，这个世界上就不会有不粘锅和电磁炉。但如果亚马逊认为我只对菜谱感兴趣，它就不太可能给我推荐冶金方面的图书。问题不仅仅是我们没有机会意外发现创新的本领和运气。显而易见，一个由熟悉事物组成的世界是一个再无新知可学的世界。个性化发展到极致，就可能会阻止我们接触那些令人震惊的、前所未有的经历和想法，而这些内容可能会改变我们对世界和对自己的认知。

虽然个性化打着为用户服务的旗号，但用户并不是唯一从数据资料中获益的人。明尼苏达大学的研究人员最近发现，排卵期的女性比较容易接受柔软贴身的衣物广告，因此建议营销人员可以"战略性地选择时机"进行在线推广。而有了充分的数据，猜对这个时间点可能并不是很困难的事情。

最佳情况是，一家公司如果知道了你阅读的内容，目前的心情如何，则可以据此提供与你兴趣相关的广告。但还有最糟糕的情况，它也可以在此基础上做出对你生活不利的决定。法学教授乔纳森·齐特林（Jonathan Zittrain）表示，如果你浏览了一个在第三世界国家自助旅行的网页，一家可以获取你网络历史的保险公司可能就会据此决定增加你的保险费用。回音矩阵公司（EchoMetrix）的哨兵软件号称可以帮助父母跟踪孩子们的网络行为，但随后发现，该公司竟然把孩子的数据出售给第三方营销公司，这激起了家长们的愤怒。

个性化的基础在于商业化。用户为了获取过滤服务，必须将大量有关个人日常生活的数据交给大公司，而这些资料中大部分你可能不会随便告诉朋友。大公司每天根据这些资料做出决策，手法越来越娴熟。把这些资料托管给大公司，不见得就是安全的，但大公司如果据此做出不利于你的决策，则往往并不会告诉你。

深远的后果在于，过滤泡会影响你选择生活方式的能力。尤查·本科勒（Yochai Benkler）教授认为，你如果想主宰自己的生活，就必须先了解到人是有多种多样的选项和生活方式的。而当你进入过滤泡时，等于是让构建过滤泡的公司为你提供选项。你可能自诩是命运的主宰者，但其实你正在被个性化牵着鼻子走，它引导你走向一种信息决定论，在这种决定论中，你过去的点击行为决定了你下一步会看到什么——你注定要在网络历史中重复。你会陷入一个静态的、不断缩小的自我——无尽的自我循环。

还有更广泛的后果。罗伯特·帕特南（Robert Putnam）在他关于美国公民生活衰退的畅销书《独自打保龄》（*Bowling Alone*）中探讨了"社会资本"暴跌的问题。社会资本鼓励民众互信互助，同心协力，合作解决共同问题，形成凝聚力的纽带。帕特南定义了两种类型的社会资本：一种是"黏合"资本（bonding capital），好比你参加大学校友会的会议，累积的就是黏合资本；另一种是"桥接"资本（bridging capital），背景各异的人们来参加镇民大会，这样的活动产生的就是桥接资本。① 桥接资本具有潜在的效力：累积越多，找到新工作、为你的小企业觅得投资者的机会就越大，因为桥接资本允许你进入众多不同的人际网络。

大家本以为，互联网蕴藏着巨大的桥接资本。汤姆·弗里德曼（Tom Friedman）在网络泡沫最为膨胀的时期曾经写过，互联网会"让我们天涯若比邻"。实际上，这也是他的论文《雷克萨斯和橄榄树》（The Lexus and the Olive Tree）的核心观点："互联网必将形成虎钳般的外力，紧紧地钳住全球化体系……并在每个人周围不断收紧，世界将变得越来越小，速度会越来越快。"

弗里德曼似乎想到了一种地球村，在这里，非洲的孩子和纽约的高管们将联手合作，共同建造社区。但现实并非如此：我们的虚拟邻居越来越像现实中的左邻右舍，而我们现实中的邻居则越来越像我们自己。我们创造了大量的黏合资本，但桥接资本却少得可怜。认识到这一点很重要，因为桥接资本可以建立起"公众"意识——在这个空间里，民众可以跨越归属，超越私利，正视问题。

---

① 此处的 bonding capital 和 bridging capital，北京大学出版社 2011 年版的《独自打保龄》分别译作"黏合性社会资本"和"连接性社会资本"，而在一般关于社会资本的研究中，也会将它们分别译为"结合型资本"和"桥接型（社会）资本"等。本译文考虑到原作对于"bonding"和"bridging"的强调，故将两个术语分别译为"黏合"资本和"桥接"资本。——译者注

我们天生倾向于对非常狭窄的刺激做出反应——如果一条新闻是关于性、权力、八卦、暴力、名人或幽默的，我们可能就会抢先读。这些是最容易进入过滤泡的内容。如果朋友发布了马拉松完赛的帖子，或者如何做洋葱汤的食谱，我们很容易就点赞，这也提高了这篇文章的可见性。相反，如果一篇文章的标题是《达尔富尔战争死亡人数创两年新高》（Darfur Sees Bloodiest Month in Two Years），读者是很难点赞的。在一个个性化当道的世界里，囚犯数量上升，无家可归者增多，这些重要且复杂或令人不快的问题，是很难获得读者注意的。

作为一个信息消费者，删除无关紧要和不讨喜的内容是无可厚非的。但对消费者有益的信息，不一定对公民有益。我表面上喜欢的事物，未必是我真正想要的，更不用说是成为知情公众和社区成员所需要知道的。"接触你不感兴趣的东西是一种公民美德。"科技记者克莱夫·汤普森（Clive Thompson）告诉我。"置身于一个复杂的世界，几乎所有的事情都会影响你——不仅只有利己的金钱。"文化评论家李·西格尔（Lee Siegel）换了一种表达："消费者永远是对的，但民众不等同于消费者。"

媒体的结构能影响社会的特征。印刷文字有助于推动民主辩论，但费力抄写的卷轴却没有这个功能。电视对 20 世纪的政治生活产生了深远的影响，从肯尼迪遇刺到"9·11"事件，在一个平均每周收看 36 个小时电视的国家，公民参与公众生活的时间减少了，可能不是个巧合。

个性化的时代已经到来，它颠覆了我们对互联网的诸多期许。互联网创始者的立意远大，但现在互联网却变成了一个分享宠物图片的全球系统。20 世纪 90 年代早期，电子前沿基金会的创立宣言中倡导要建立"网络空间的心智文明"，即一种全球性的元大脑。但个性化过滤器切断了这个大脑的突触传导。在不知不觉中，我们可能会给全人类实施脑叶切除手术。

从大型都市到纳米科技，我们正在创造一个全球社会，其复杂程度已经超越个人理解的极限。未来二十年我们将面对各种难题，能源短缺，恐怖主义，气候变化，疾病流行，全是大问题，必须万众一心才能解决。

> "代码就是法律。" 如果真是这样，那么理解新的立法者的意图就非常重要了。我们需要了解谷歌和脸书的程序员秉持何种信念。我们需要了解推动个性化的经济和社会力量，哪些是不可避免的，哪些则不是。我们需要了解个性化对政治、文化和未来意味着什么。

早期的互联网爱好者，比如像万维网之父蒂姆·伯纳斯-李（Tim Berners-Lee），期待互联网是解决这些问题的新平台。我相信它依然如此——我会在后面的章节详述。但首先，我们需要揭开幕布，了解当前驱使互联网走向个性化的动力。我们需要挑出个性化程序中的错误，对于编写代码的程序员也需要进行检视。

拉里·莱西格（Larry Lessig）有句名言："代码就是法律。"如果真是这样，那么理解新的立法者的意图就非常重要了。我们需要了解谷歌和脸书的程序员秉持何种信念。我们需要了解推动个性化的经济和社会力量，哪些是不可避免的，哪些则不是。我们需要了解个性化对政治、文化和未来意味着什么。

你如果不找个朋友坐在旁边，则很难分辨屏幕上你看到的谷歌或雅虎新闻的版本与其他人的有什么不同。因为过滤泡扭曲了我们对什么是重要的、正确的和真实的认识，因此亟须让它见见光，接受审视。而这就是本书想要做的事情。

第一章 | 相关性的追逐赛

　　你的行为现在已经成为一种商品，成为针对整个互联网世界提供个性化服务平台的市场中的一小部分。企业逐渐意识到共享数据是有利可图的。多亏了数据市场，网站可以把最相关的产品放在前面，并在你的背后交头接耳。

　　推动个人相关性业务发展的努力催生了今天的互联网巨头，它正在激励企业积累更多关于我们的数据，并在此基础上无形地调整我们的在线体验。它正在改变网络的结构。但正如我们将看到的，个性化模式对于我们如何消费新闻、做出政治决定，甚至对于我们如何思考将会产生更加深刻的影响。

21

不付费，你就不是顾客，而是正在被售卖的商品。

——安德鲁·刘易斯（Andrew Lewis），在网站 MetaFilter① 上的别名为

蓝色甲虫（Blue_ beetle）

1994 年的春日，尼古拉斯·尼葛洛庞帝（Nicholas Negroponte）正坐在椅子上思考问题，奋笔疾书。在他创办的麻省理工学院媒体实验室（the MIT Media Lab）里，年轻的芯片设计师、虚拟现实艺术家和机器人比赛参赛团队正在疯狂地工作，建造未来的玩具和工具。但是尼葛洛庞帝正在考虑一个更简单的问题，一个每天都有数百万人在思考的问题——看什么电视节目。

20 世纪 90 年代中期，数百个电视频道每周七天、每天 24 小时全天候播放实时节目。这些节目大部分糟透了并且很无聊：新厨房小工具的广告片、"一曲成名"乐队（one-hit-wonder）最新的音乐视频、动画片和名人新闻。对于观众而言，可能只有很少一部分的电视节目称得上是有趣的。

随着电视频道数量日益增多，浏览电视节目的标准方式变得越来越糟糕。你如果浏览 5 个频道，就会发现内容都差不多，浏览 500 个频道，内容会有所不同，当数量达到 5 000 个时，好吧，这个方法已经毫无意义了。

22

但尼葛洛庞帝并不担心，因为电视业的发展并非毫无希望。事实上，一个解决方案就在眼前。"电视未来发展的关键，"他写道，"就是停止把电视想作电视。"并且他开始把它当作一种具有嵌入式智能的设备，由观众的需求远程控制。作为一个智能的自动化辅助工具，它了解每位观众观看的

---

① MetaFilter 是美国一家社区博客网站，成立于 1999 年，曾被《时代》杂志评为 2009 年 50 个最佳网站之一。——译者注

内容并且抓取与观众相关的电视节目。"现在的电视机可以让你控制亮度、音量和频道，"尼葛洛庞帝写道，"未来的电视将允许你改变电视节目的性、暴力内容和政治倾向。"

为什么要在那里止步呢？尼葛洛庞帝设想未来会有一群智能代理可以帮忙解决像电视这样的问题。就像站在门口的私人管家一样，智能代理只会让你喜欢的表演和话题进门。"想象未来，"尼葛洛庞帝写道，"你的智能代理可以阅读地球上的每一条新闻和每一份报纸，捕捉每一个电视和广播节目，然后得出个性化的结论。这种报纸，你可以称之为'我的日报'（the Daily Me）。"

尼葛洛庞帝对这个想法思考得越多，他就越觉得它行得通。数字化时代信息过载的解决方案就是智能化、个性化、嵌入式编辑。事实上，这些智能代理并不局限于电视业。正如尼葛洛庞帝向新科技杂志《连线》的编辑所表明的那样："智能代理无疑是计算机技术的未来。"

在旧金山，杰伦·拉尼尔（Jaron Lanier）带着忧虑情绪对这个观点做出回应。作为"虚拟现实"（virtual reality）理论的开创者之一，自 20 世纪 80 年代以来，拉尼尔就一直在苦苦思索如何把计算机和人类结合在一起。但是关于智能代理的讨论让他陷入疯狂。"你们怎么了？"他在自己的网站上写了一封信给"有线社区"（"Wired-style community"），信上写道，"'智能代理'的概念不仅错误，而且是罪恶的……智能代理的问题日渐成为互联网会比电视好得多还是坏得多的决定性因素。"

拉尼尔确信，因为智能代理们并不是真正的人类，它们会迫使真正的人类以笨拙和像素化的方式与之互动。"智能代理模型抓取和展示你感兴趣的东西，这些模型将是一个卡通模型，然后你通过这些代理的眼睛会看到一个卡通版本的世界。"他写道。

此外，这里还有另一个问题：完美的智能代理可能会屏蔽大部分或全部广告。但是电子商务是由广告驱动的，这些公司看起来不太可能会推出对其最终利

数字化时代信息过载的解决方案就是智能化、个性化、嵌入式编辑。哪家公司能在数字化时代的干草堆中寻找到金块，哪家公司就能赢得未来。随着每个人可获得的信息趋向无穷，注意力崩溃时刻即将到来。想让人们收听收看你所提供的信息，最好的方法就是提供真正迎合每个人特殊兴趣、欲望和需求的内容。于是，一个新的口号出现了：相关性。

益造成强烈冲击的智能代理。拉尼尔写道，更有可能发生的情况是，这些代理会拥有双面忠诚——成为可被收买的代理，"不清楚它们为谁工作"。

这是一个明确而尖锐的抗辩。但是，尽管它在网络新闻组中引起了一些议论，但这并没有说服早期互联网时代的软件巨头们。他们深信尼葛洛庞帝的逻辑：哪家公司能在数字化时代的干草堆中寻找到金块，哪家公司就能赢得未来。随着每个人可获得的信息趋向无穷，他们能洞察到注意力崩溃时刻即将到来。你如果想从中获利，就必须让人们收听收看你所提供的信息。在注意力稀缺的世界里要实现这个目标，最好的方法就是提供真正迎合每个人特殊兴趣、欲望和需求的内容。在硅谷的走廊和数据中心出现了一个新的口号：相关性。

每家公司都急于推出一款"智能"产品。在雷德蒙德①，微软发布了"鲍勃"（Bob）——一款基于智能代理概念开发的整套操作系统。鲍勃以一个奇怪的卡通形象示人，这个卡通形象与比尔·盖茨惊人地相似。在旧金山的丘珀蒂诺②，苹果公司推出了"个人桌面助理"——"牛顿"（Newton），其核心卖点就是潜伏在米色外表下尽职尽责的智能代理。而差不多在"牛顿"发布的十年后，iPhone才问世。

事实上，这些新的智能产品遭到了炮轰。在聊天组和电子邮件列表中，实际上存在一个针对"鲍勃"的"毒舌"产业。用户们无法忍受鲍勃。《电脑世界》（PC World）将其称为有史以来最糟糕的 25 个科技产品之一。苹果的"牛顿"也没好到哪里去。虽然苹果公司已经投资了超过 1 亿美元来开发这个产品，但在最初的 6 个月内，这款产品销售惨淡。如果你与 20 世纪 90 年代中期的智能代理互动的话，问题很快就会浮出水面：它们并非那么聪明。

如今，十年沧海桑田，智能代理却依旧不见踪影。看起来，尼葛洛庞帝的智能代理革命似乎失败了。每天醒来后，我们向电子管家简短介绍自己当天的计划和愿望，这样的情景并没有出现。

---

① 微软总部所在地。——译者注
② 苹果公司总部所在地。——译者注

但是那并不意味着它们不存在。它们只是藏起来了。私人智能代理隐藏在我们访问的每个网站背后。每天，它们都变得越来越聪明，越来越强大，越来越多地了解我们是谁，我们对什么感兴趣。正如拉尼尔预言的那样，这些代理不仅仅服务我们，它们还为像谷歌那样的软件巨头效力，提供广告和内容分发服务。它们可能没有鲍勃的卡通脸，但它们引导了我们越来越多的网络活动。

1995 年，针对"私人相关性"提供服务的追逐赛才刚刚开始。可能相对于其他任何因素而言，正是这种探索塑造了我们今天所熟知的互联网。

约翰·欧文难题

亚马逊首席执行官杰夫·贝索斯（Jeff Bezos）是第一批意识到可以利用这种相关性来赚取丰厚利润的人之一。从 1994 年开始，他的愿景就是使线上图书销售"回到小书商时代，这些小书商很了解你，并且会说出类似于这样的话来，'我知道你喜欢约翰·欧文（John Irving），你猜怎么着，这有位新作者，我觉得他很像约翰·欧文'。"他向传记作家说道。但是如何大规模实现这个愿景呢？对于贝索斯来说，亚马逊需要成为"一种小型人工智能公司"，这家公司由能够即时将客户和书籍匹配起来的算法驱动。

1994 年，当时贝索斯还是一名在华尔街公司工作的年轻计算机科学家，他受雇于一位风险投资家，他的工作就是针对蓬勃发展的网络空间提出商业点子。他井然有序地开展工作，列出了一份包含 20 个产品的清单。理论上，他的团队可以在网上销售清单上的这些产品如音乐、服装、电子产品，然后深入挖掘每个产业的动态。图书这类产品一开始只位于贝索斯所列清单的末尾，但当他得出最后的结论时，他惊讶地发现图书竟然位居这份清单榜首。

有好几个理由可以解释为何图书是最理想的产品。首先，图书行业集中程度不高，美国最大的图书出版商兰登书屋（Random House）只控制了 10% 的市场。如果一家出版商不愿意卖书给他，那么会有很多其他出版商愿意卖给他。还有一点，人们在网上买书时并不需要像买其他产品那样耗费大量时间，实际上大部分的图书销售是在传统书店之外完成的。图书不像衣服，你不需要试穿它们。但图书市场的主要魅力其实还是基于这样的事实：1994 年有多达 300 万本热门图书，而相比之下，热门 CD 只有 30 万张。一个实体书店永远无法将所有这些图书都囊括其中，但是网上书店却可以做到。

当他向老板汇报这一发现时，那位风险投资家对此并不感兴趣。在信息时代，图书行业看起来像是一种落后的行业。但是这个点子一直萦绕在贝索斯的脑海中。可储存图书的数量没有了物理空间的限制，他可以提供的图书要比美国前第二大书商博德斯集团（Borders）或者美国最大的零售连锁书店巴诺书店（Barnes & Noble）等行业巨头多得多，同时，他还可以创造比大型连锁书店更加亲密的、个性化的购买体验。

他定下思路，亚马逊的目标将是强化"发现"的过程：一个个性化的商店可以帮助读者找到图书，并向读者介绍图书。但如何实现呢？

27 　　贝索斯开始思考机器学习。这是一个棘手的问题，但自 20 世纪 50 年代以来，麻省理工学院（MIT）和加州大学伯克利分校（University of California at Berkeley）等研究机构的一群工程师和科学家一直在努力攻破这个难题。他们称自己的研究领域为"控制论"（cybernetics），这个词起源于柏拉图（Plato），柏拉图创造了这个词用以表示一个自我调节系统，比如一个民主政体。对于早期的控制论者来说，没有什么比构建能够基于反馈进行自我调节的系统更激动人心的了。在接下来的几十年里，他们为亚马逊的大部分增长奠定了数学和理论基础。

1990 年，帕洛阿尔托研究中心（PARC）的一组研究人员将控制论思维应用到一个新难题上。帕洛阿尔托研究中心以提出被广泛采纳和商业化的想法而闻名，其中两个就是图形用户界面和鼠标。和当时许多前沿技术专家一样，帕洛阿尔托研究中心的研究人员也是电子邮件的早期使用者，他们发送和接收了数百封电子邮件。电子邮件很好用，但它的缺点也很快就显现出来了。当向任意数量的人发送信息不需要花费任何代价时，你很快就会被一大堆无用的信息淹没。

为了跟上往来的电子邮件流，帕洛阿尔托研究中心的团队开始修改他们称之为"协同过滤"（collaborative filtering）的流程，该流程在一个名为"Tapestry"的程序中运行。Tapestry 追踪人们对收到的大量电子邮件的反应——他们打开的是什么邮件，回复的是什么邮件，删除的是什么邮件——然后用这些信息来帮助人们整理收件箱。人们经常处理的电子邮件会排在邮件列表的最前面，那些经常被删除或未被打开的电子邮件会被放在最末尾。从本质上讲，协同过滤是一种节省时间的方法：你不必亲自筛选大量的电子邮件，别人帮你提前筛选管理好所收到的邮件。

当然，这个流程不仅局限于电子邮件。Tapestry 的发明者写道："Tapestry 被设计成可以处理任何传入的电子文档流。电子邮件只是这种电子文档流中的一个例子，其他的还包括新闻报道和网络新闻文章等。"

Tapestry 向全世界展示了协同过滤，但在 1990 年，世界对它不太感兴趣。仅仅拥有几百万用户的互联网仍然只是一个小小的生态系统，没有多少信息可以用来筛选，也没有多少带宽可以用来下载。因此，多年来，协作过滤一直停留在软件研究人员和无聊大学生的研究领域里。如果你在 1994 年给 ringo@ media. mit. edu 发送了一些你喜欢的专辑，那么该邮箱的服务器会发送一封电子邮件给你，里面有对其他音乐的推荐和评论。"每小时一次，"根据网站上的说法，"服务器处理所有传入的消息，并根据需要发送回复。"它是流媒体音乐服务潘多拉（Pandora）的先驱，是前宽带时代的个性化音乐服务。

但是在 1995 年亚马逊上线后，一切都变了。亚马逊从一开始就是一家提供个性化服务的书店。通过观察人们购买的图书并使用帕洛阿尔托研究中心首创的协同过滤方法，亚马逊可以即时向顾客提出建议。["哦，你买了《击剑完全指南》（*The Complete Dummy's Guide to Fencing*）？再来一本《醒来'盲'然：眼伤诉讼大全》（*Waking Up Blind：Lawsuits over Eye Injury*）怎么样？"]通过追踪用户的购书经历，亚马逊开始了解哪些用户的偏好是相似的。["其他与你有类似品味的人购买了本周发布的新版《恩加德》

亚马逊证明，对相关性的把握可以使其赚取利润，并占据行业主导地位。

(*En Garde*)！"] 越多人通过亚马逊购买图书，个性化服务的效果就越好。亚马逊证明，对相关性的把握可以使其赚取利润，并占据行业主导地位。

1997年，贝索斯的用户数突破百万大关。6个月后，亚马逊已经服务了200万名用户。2001年，亚马逊报告了第一季度的净利润，成为证明互联网有大钱可挣的首批企业之一。

虽然亚马逊未能给人一种当地书店的感觉，但它的个性化代码仍然运行得很好。亚马逊的高管们对它能带来多少收入守口如瓶，但他们常常将个性化引擎视为公司成功的关键部分。

在亚马逊，获取更多用户数据的努力是永无止境的：当你在 Kindle 上阅读图书时，你突出标注的短语、你跳转的页码、你是顺读还是跳读，这些数据都会反馈到亚马逊的服务器，并用来猜测你接下来可能喜欢什么书。当你在沙滩上阅读 Kindle 电子书一天后再登录时，亚马逊可以根据你已经读过的内容，巧妙地调整自己的网站；如果你花了很多时间阅读惊悚小说家詹姆斯·帕特森（James Patterson）的最新作品，但只瞥了一眼新的饮食指南，那么 Kindle 会推荐更多的商业惊悚片给你，而与健康相关的图书则会变少。

亚马逊的用户已经如此习惯个性化服务，以至于该网站现在可以使用一种反向技巧来赚取额外收入。出版商可以支付实体书店的场地费用，但他们无法买到店员的推荐意见。相比较而言，正如拉尼尔预测的那样，买断算法是很容易的：向亚马逊支付足够的费用，你的书就可以通过亚马逊软件貌似"客观"的推荐得到推广。对于大多数用户来说，他们无法分辨哪个是哪个。

亚马逊证明，对相关性的把握可以使其占据行业主导地位。但要把机器学习的原理应用到整个在线信息世界，还得看两位斯坦福大学的研究生。

点击信号

就在杰夫·贝索斯的新公司起步之际，谷歌的创始人拉里·佩奇（Larry Page）和谢尔盖·布林（Sergey Brin）正在斯坦福大学忙于博士研究。他们意识到亚马逊的成功——1997年，互联网泡沫正处于高潮，至少从账面上看，亚马逊价值数十亿美元。佩奇和布林是数学奇才，佩奇尤其迷恋人工智能。但他们对另一个不同的问题感兴趣。与其使用算法来找出如何更有效地销售产品，为何不使用算法来对网络上的站点进行排序呢？

佩奇想出了一个新颖的方法，这个极客宅男将这一算法用自己的姓氏Page打头命名为网页排名算法（PageRank），一语双关。当时，大多数网络搜索公司是使用关键词对页面进行排序的，而且在给定关键词的情况下找出最相关页面这一方面表现得非常糟糕。在1997年的一篇论文中，布林和佩奇直截了当地指出，四大搜索引擎中有三个连自己家的网站都搜不到。"我们希望我们关于'相关'的概念只包含最好的文档，"他们写道，"因为可能有成千上万个稍微相关的文档。"

佩奇已经意识到，与大多数搜索引擎所使用的数据相比，打包到网络链接结构中的数据要多得多。链接到另一个页面的网页可以被视为对该页面的"投票"。在斯坦福大学，佩奇曾见过一些教授统计他们的论文被引用了多少次，以此作为衡量他们学术重要性的粗略指标。他意识到，就像学术论文一样，许多其他网页引用的网页比如雅虎的首页可以被认为是更"重要"的，而这些页面"投票"的页面也更重要。佩奇认为，这个过程"利用了互联网独特的民主结构"。

在早期的那段日子里，谷歌的大本营驻扎在google.stanford.edu网站上，布林和佩奇相信它应该是非营利性的网页并提供免费的广告位。"我们认为，有广告主资助的搜索引擎将天生偏向于广告主，远离消费者的需求。"他们写道，"搜索引擎越好，消费者找到他们想要的东西所需的广告就越少……我们认为，广告带来了相当多的诱惑，因此，在学术领域建立透明且具有竞争力的搜索引擎至关重要。"

但是当他们将测试版产品发布出去的时候，流量图呈现出垂直上升走向。谷歌搜索框是互联网上最好的搜索网站。很快，对20多岁的联合创始人来说，将其作为一项业务剥离出去，变成了巨大的诱惑。

在谷歌的神话中，让公司在世界范围内占据主导地位的首推网页排名算法。我猜这家公司喜欢这种方式——这是一个简单明了的故事，将这家搜索巨头的成功挂在一位创始人的一次巧妙突破上。但从一开始，网页排名算法只是谷歌项目的一小部分。布林和佩奇真正弄明白的是通向相关性的关键钥匙，即在网络上通过大量数据进行排序的解决方案是——更多的数据。

布林和佩奇感兴趣的不仅仅是哪些页面相互链接，还有链接在页面上的位置、链接的大小、页面的年龄等等所有这些因素都很重要。多年来，谷歌把这些嵌入数据里的线索称为"信号"。

从一开始，佩奇和布林就意识到，一些最重要的信号来自搜索引擎的用户们。比如说有人搜索了"拉里·佩奇"并点击了第二个链接，这就是另一种投票方式：它表明第二个链接比第一个链接跟搜索者有更强的关联度。他们称这为"点击信号"（click signal）。"一些最有趣的研究，"佩奇和布林写道，"将包含利用现代网络系统提供的大量使用数据……获取这些数据非常困难，主要是因为它们被认为具有商业价值。"很快，佩奇和布林就会坐拥世界上最大的数据商店之一。

在数据方面，谷歌是贪婪的。布林和佩奇下决心要保留一切东西：搜索引擎上登录过的每一个网页，每个用户的每一次点击。很快，它的服务器就包含了互联网上大部分近乎实时的数据。通过对这些数据的筛选，他们确信他们可以找到更多的线索、更多的信号，可以用来调整搜索结果。该公司的搜索质量部门获得了一种"暗黑行动"式的感觉：立下的规矩就是，基本谢绝访客且绝对保密。

"最终的搜索引擎，"佩奇喜欢这样说，"能够准确地理解你的意思，并准确地给出你想要的结果。"谷歌并不想在用户提交搜索申请后返回数千页的链接——它想返回一个你想要的链接。一个搜索结果对某位用户来说是完美的答案，但可能并不适合另一位用户。当我搜索"黑豹"（panthers）这个词时，我指的可能是大型野猫，而一个球迷搜索"黑豹"时指的可能是南卡罗来纳队。为了提供完美的相关性，你需要知道我们每个人都对什么感兴趣。你需要知道我对足球一无所知，你需要知道我是谁。

这件事情的挑战在于获得足够多的数据以找出与每个用户个人相关的内容。理解某个人的想法是一件棘手的事情——要做好这件事，你必须在一段持续的时间内了解一个人的行为。

但是如何做到呢？2004 年，谷歌提出了一个创新策略。它开始提供其他需要用户登录的服务。谷歌最受欢迎的电子邮件服务谷歌邮箱（Gmail），是首批推出的服务之一。媒体关注的是谷歌邮箱侧边栏上的广告，但这些广告不太可能是推出该服务的唯一动机。通过让人们登录谷歌邮箱，谷歌获得了大量数据——谷歌邮箱用户每天发送和接收的数亿封电子邮件。它还可以将每个用户的电子邮件和网站行为与他在谷歌搜索引擎中点击的链接进行交叉参照。谷歌应用程序——一套在线文字处理和电子表格创建工具承担了双重任务：它削弱了谷歌的死敌——微软的竞争力，还钓住了人们，人们保持登录状态并继续发送"点击信号"。所有这些数据使谷歌能够加速构建关于用户身份的理论学说——每个用户感兴趣的主题是什么，每个人点击的链接是什么。

到了 2008 年 11 月，谷歌已经获得了个性化算法的多项专利——可以计算出个人所属群体并根据该群体的喜好调整其（搜索）结果的代码。谷歌所设想的分类非常精确：为了阐释专利里的例子，谷歌使用了"所有对收集古代鲨鱼牙齿感兴趣的人"和"所有对收集古代鲨鱼牙齿不感兴趣的人"的例子。打个比方，相比较而言，前后两类人搜索"大白门牙"会得到不同的结果。

今天，谷歌监控着它能接触到的每一个关于我们的信号。这一数据的威力不容低估：如果谷歌发现我先是在纽约登录，然后在旧金山登录，接着再在纽约登录，它就知道我是一个美国东西海岸旅行者，并据此相应地调整搜索结果。通过查看我使用的浏览器，谷歌可以猜测我的年龄，甚至可能是我的政治立场。

从输入查询的那一刻到点击结果的那一刻之间

> 理解某个人的想法是一件棘手的事情——要做好这件事，你必须在一段持续的时间内了解一个人的行为。谷歌通过个性化算法做到了。但它的终极目标是回答更具假设性的问题。

所花的时间，也可以用来揭示你的个性。当然，你搜索的词汇也揭示了大量关于你的兴趣的内容。

即使你没有登录，谷歌也在个性化你的搜索。你登录的地区，甚至是街区，都可供谷歌使用，它很能反映你的身份以及你感兴趣的内容。如果关于"Sox"这个词的搜索来自华尔街，那么这个词很可能指的是金融立法"Sarbanes Oxley"的缩写；如果来自斯塔顿岛的上海湾，那么这个词很可能和棒球有关。

"人们总是假设我们已经完成了搜索，"创始人佩奇在 2009 年说，"情况远非如此。我们可能只走完了 5% 的路程。我们想创造一个终极搜索引擎，它可以理解任何事情……有些人可能称之为人工智能。"

2006 年，在谷歌新闻日活动上，首席执行官埃里克·施密特宣布了谷歌的五年计划。他表示，未来，谷歌可以回答诸如"我应该上哪所大学？"这样的问题。"距离我们至少能部分回答这些问题的日子，还需要几年的时间。但最终的结果是……谷歌可以回答更具假设性的问题。"

脸书无处不在

谷歌的算法是无与伦比的，但挑战在于如何哄劝用户展示他们的喜好和兴趣。2004 年 2 月，马克·扎克伯格在哈佛大学的宿舍里，想出了一个更简单的办法。相较于通过筛选"点击信号"来弄清楚人们关心什么，这个创意背后的计划——脸书选择直截了当地去问他们。

从大学一年级开始，扎克伯格就对他所谓的"社交图谱"（social graph）即每个人人际关系的集合很感兴趣。给电脑输入这些数据，它就可以开始做一些非常有趣和有用的事情——告诉你朋友们在做什么，他们在哪里，他们对什么感兴趣。它也对新闻产生了影响：脸书最初的网站雏形，只对哈佛大学的学生开放，它自动地在人们的个人页面上附上链接，链接指向的是报道这些用户的哈佛校园媒体《哈佛猩红报》（Crimson）的文章。

脸书并不是第一个社交网站：当扎克伯格在凌晨时分将他的作品拼凑在一起时，一个激动人心的音乐驱动型网站 MySpace 开始腾飞；在 MySpace 之前，被认为是全球首家社交网站的"友谊者"（Friendster）曾一度吸引了著名博客搜索引擎 Technorati 的注意。但是扎克伯格头脑中的网站却不一样。它不会像 Friendster 那样是一个害羞的交友网站。并且，与 MySpace 不同的是，脸书鼓励人们互相联系，不管他们是否认识对方。脸书主张充分利用现有的现实社会关系。与它的前辈们相比，脸书很简单：重点被强调的是信息，而不是华丽的图形或文化氛围。"我们是一家公用事业公司。"扎克伯格后来说。脸书更像是一家电话公司而不是一家夜总会，它是一个沟通和协作的中立平台。

在首度亮相后，脸书就像野火一样迅速发展。在脸书扩展到一些精心挑选过的常春藤盟校后，扎克伯格的收件箱被大量来自其他学校的学生的请求塞满了，他们恳求他为他们打开脸书的大门。到了 2005 年 5 月，脸书已将运营范围覆盖到 800 多所大学。然而，在接下来的 9 月份，正是新闻递送（News Feed）业务的发展将脸书推向了另一个发展阶段。

在友谊者和 MySpace 上，你如果想知道你的朋友们在做什么，就必须访问他们的页面。新闻递送算法将所有这些状态的更新从脸书庞大的数据库中取出，并将它们放在一个地方，就在你登录后所见页面靠前的地方。一夜之间，脸书将自己从一个连接网页的网络变成了一份个性化的报纸，你的朋友是这份报纸的创建者和主角。除了脸书，很难想象哪里还有一个更纯粹的相关性来源了。

这是一个数据喷口。2006 年，脸书用户发布了数十亿条更新——哲学格言、关于他们约会对象的趣闻、早餐吃什么等等。扎克伯格和他的团队鼓励用户：用户向公司提供的数据越多，体验就会越好，反馈的内容就会越多。早期，他们添加了上传照片的功能，现在脸书拥有世界上最大的照片收藏量。他们鼓励用户发布其他网站的链接，数以百万计的网站被提交。到了 2007 年，扎克伯格吹嘘："实际上我们在一天内为我们的 1 900 万用户制作的新闻比任何其他媒体自诞生以来发布的新闻都要多。"

一开始，新闻递送几乎显示了你的朋友在网站上做的所有事情。但是随着帖子数和朋友数的增加，新闻递送变得难以阅读和管理。即使你只有100个朋友，你也读不完这么多信息。

脸书提出的解决方案是边际排名算法（EdgeRank），该算法为网站的默认页面即热门头条（the Top News Feed）提供支持。边际排名算法对网站上的所有互动进行了排名。这里面的数学运算是复杂的，但是基本的思想非常简单，它取决于三个因素。第一个因素是亲密关系：你和某人的关系越友好（这取决于你花在与其交流和查看其简介上的时间长短），脸书就更有可能向你展示此人的更新。第二个因素是这类内容的相对权重：例如，关系状态更新的权重非常高；每个人都乐意知道谁和谁在约会（许多外界人士怀疑，这个权重也是个性化的：不同的人关注不同类型的内容）。第三个因素是时间：最近发布的状态更新要比旧的更重要。

边际排名算法证明了相关性竞争核心的悖论。要提供相关性，个性化算法需要数据；但数据越多，过滤器就必须变得越复杂，才能将其组织整合。这是一个永无止境的循环。

到2009年，脸书的用户数量达到了3亿，并且每月保持1 000万人的增长。从账面上看，25岁的扎克伯格已成为一位亿万富翁。但这家公司有更大的雄心壮志。新闻递送已经为社交信息做的事情，扎克伯格想将其拓展到所有信息。尽管扎克伯格从来没有说过，但他的目标很明确：利用社交图谱和脸书用户提供的大量信息，把脸书的新闻算法引擎放在网络世界的中心。

即便如此，当读者们在2010年4月21日打开《华盛顿邮报》（Washington Post）的主页并发现他们的朋友出现在上面时，他们还是感到很吃惊。在右上角一个显眼的方框里——这是一个不管哪位编辑都会告诉你"眼睛首先应该关注"的地方——有一篇标题为《网络新闻》（Network News）的专题特写。每位访问这个页面的用户都在方框中看到了一组不同的链接——他们的朋友在脸书上分享的《华盛顿邮报》的链接。《华盛顿邮报》正在让脸书编辑其最有价值的在线资产：它的首页。《纽约时报》也紧随其后。

这个专题特写只是一个更庞大得多的新部署的冰山一角，脸书称之为"脸书无处不在"，并在一年一度召开的脸书 F8（"fate"）开发者大会上宣布了这项行动。自从史蒂夫·乔布斯（Steve Jobs）把"苹果"称为"疯狂的伟大"（insanely great）以来，宏大的举动一直是硅谷传统的一部分。但当扎克伯格在 2010 年 4 月 21 日走上舞台时，他的话似乎是可信的。他宣布："这是我们为互联网做过的最具变革意义的事情。"

"脸书无处不在"的目标很简单：使整个互联网"社会化"，并将脸书式的个性化模式应用到数百万目前仍缺乏它的网站。想知道你的脸书好友在听什么音乐吗？潘多拉会告诉你。想知道你的朋友喜欢什么样的餐厅吗？问问推荐吃喝玩乐地方的 Yelp 马上就知道。现在从《赫芬顿邮报》（*Huffington Post*）到《华盛顿邮报》的新闻网站都个性化了。

脸书用户可以对网页上的任何内容按上"点赞"（Like）按钮。在这项新服务刚推出的最初 24 小时里，产生了 10 亿次点赞——并且所有这些数据都回流到了脸书的服务器。脸书平台负责人布雷特·泰勒（Bret Taylor）宣布，脸书用户每月分享的内容多达 250 亿条。而谷歌，这位曾经推动个人相关性业务发展的无可争议的领导者，似乎对在几英里之外的竞争对手感到担忧。

这两大巨头现在正展开肉搏战：脸书从谷歌挖走了核心高管，谷歌正在努力打造像脸书这样的社交软件。但这两家新媒体巨头要开战的原因还不是很明显。毕竟，谷歌是围绕"回答问题"而建立的，脸书的核心使命是帮助人们与朋友建立联系。

但两家公司的最终利润都依赖于同一个东西：针对性强的、高度相关的广告业务。谷歌在搜索结果旁边以及网页上放置的广告是它唯一重要的利润来源。虽然脸书的财务信息是非公开的，但内部人士已经明确表示，广告是公司收入模式的核心。谷歌和脸书有不同的出发点和策略——一个是从信息片段之间的关系开始的，另一个是从人与人之间的关系开始的——但最终，它们在争夺同样的广告费。

从网络广告主的角度来看，这个问题很简单。哪一家公司能为每一美元的价格提供最多的回报？这就是个人相关性回归到方程式中的地方。脸书和谷歌积累的大量数据有两个用途。对于用户来说，数据是提供与自己相关的新闻和结果的关键。对于广告主来说，数据是找到潜在买家的关键。拥有最多数据并能将其用于最佳用途的公司可以得到广告收入。

这就导致了"锁定"（lock-in）效应。"锁定"效应是指用户如此着迷于它们的技术以至于即使它们的竞争对手可以提供更好的服务，也不值得用户进行转换。你如果是脸书用户，那么想想你需要做什么才能转换到另一个社交网站，即使这个网站的功能要强大得多。这可能需要大量的工作——重新创建你的整份个人资料、上传所有的照片、费力地输入你朋友的名字，这将是极其乏味的。你已经被深深地锁定了。类似地，谷歌邮箱、Gchat、Google Voice、谷歌文档（Google Docs）和许多其他产品都是谷歌精心策划的"锁定"运动的一部分。谷歌和脸书之间的斗争取决于谁能锁定大多数用户。

"锁定"效应的动力学原理可以用梅特卡夫定律（Metcalfe's law）来描述，这一原理是由鲍勃·梅特卡夫（Bob Metcalfe）首创的，他发明了把计算机连接起来的以太网协议。该定律认为，当你在网络中增加一个新成员时，网络的实用性会加速提升。成为唯一一个使用传真机的人并没有多大用处，但如果和你一起工作的每个人都使用传真机，那么不使用传真机将是一个很大的缺陷。"锁定"效应是梅特卡夫定律的反面：脸书在很大程度上是有用的，因为每个人都在使用它。除非脸书累积了大量的不当管理，否则很难推翻这一基本事实。

用户被锁定的程度越深，他们就越容易被说服登录，并且当你不断登录时，即使你没有访问它们的网站，这些公司也可以持续跟踪你的数据。如果你登录谷歌邮箱并访问一个使用谷歌的 Doubleclick 广告服务的网站，那么这个访问记录可以附加到你的谷歌账户上。通过追踪这些服务放在你电脑里面的 cookie（网络追踪器，记录上网用户信息的软件），脸书或谷歌可以根据你在第三方网站上的个人信息提供广告。整个网络都可以成为谷歌和脸书的平台。

但是谷歌和脸书并不是唯一的选择。谷歌和脸书之间的地盘之战让大量商业记者和无数博主都忙碌不已，但在这场战争中有一个隐秘的第三条战线。大部分参与的公司虽然是秘密运作的，但可能最终代表着个性化模式的未来。

数据市场

对"9·11"恐怖袭击者同谋的搜捕是历史上范围最广的搜捕行动之一。在袭击发生后不久，这场阴谋策划的势力范围还不是很清晰。还有更多的劫机者没有被发现吗？发起此次恐怖袭击的势力网络有多大？在三天的时间里，美国中央情报局（CIA）、联邦调查局（FBI）和许多其他有缩写名的机构夜以继日地工作，以确定还有哪些人参与其中。美国国内飞机停飞，机场也关闭了。

当援助到来时，它的来源让人有点难以置信。9月14日，调查机构公布了劫机者的姓名，他们请求或者说恳求任何掌握行凶者信息的人站出来。当天晚些时候，联邦调查局接到了麦克·麦克拉蒂（Mack McLarty）的电话。麦克拉蒂是前白宫官员，也是一家名叫"安客诚"的公司的董事会成员，这家公司鲜为人知，但利润丰厚。

劫机者的名字一被公开，安客诚就开始搜索其庞大的数据库，这些数据库在阿肯色州小小的康威郡占地5英亩。它还发现了一些关于袭击者的非常有趣的数据。事实上，安客诚对19名劫机者中的11人的了解超过了整个美国政府，其中包括他们的过去和现在的地址以及他们室友的名字。

我们可能永远不会知道安客诚向政府提交的文件中有什么内容（尽管其中一名高管告诉记者，安客诚的信息促成了对劫机者的驱逐和起诉）。但这就是安客诚知道的约96%的美国家庭和全球五亿人的信息：他们的家庭成员的名字，他们当前和过去的地址，他们支付信用卡账单的频率，他们是否拥有一只狗或一只猫（包括什么品种），他们是左撇子还是右撇子，他们使用什么样的药物（基于药房记录）……数据点列表上大约可以罗列1 500个条目。

安客诚一直保持低调。它的名字比较难念，这可能不是偶然的。但它为美国最大的公司中的大多数提供服务——十家主要的信用卡公司和消费者品牌中的九家，从微软到百视达。"把（安客诚）想象成一个自动化工厂，"一位工程师对记者说，"我们生产的产品是数据。"

要想了解安客诚对未来的愿景，可以考虑像 Travelocity 或 Kayak 一样的旅游搜索网站。想知道它们是怎么赚钱的吗？Kayak 以两种方式赚钱。其中一种方式非常简单，是旅行社时代遗留下来的：当你使用 Kayak 的链接购买航班时，航空公司会向该网站支付少量费用。

另一种方式就没那么明显了。当你搜索航班时，Kayak 会在你的电脑上放"甜饼"——一个很小的文件，基本上就像在你的额头上贴一张便条，上面写着"告诉我东西岸廉价机票的信息"。然后，Kayak 可以向安客诚或其竞争对手 BlueKai 这样的公司出售这部分数据，哪家公司价格最高哪家公司就可以中标。在这种情况下，很可能是像美国联合航空公司这样的主流航空公司中标。美联航一旦知道你对什么样的旅行感兴趣，就可以向你展示相关航班的广告，不仅是在 Kayak 的网站上，而且几乎在你访问的任何网站上。从收集数据到美联航销售的整个过程在不消一秒钟的时间内就能完成。

这种做法中的佼佼者将这种做法称为"行为的重新定位"（behavioral retargeting）。零售商们注意到，98% 的在线购物网站访问者在没有购买任何东西的情况下就退出了网站，"重新定位"意味着商家不再需要接受"不"这个答案。

假设你在网上看了一双跑步运动鞋，但你关闭网页时并没有购买它。如果你正在查看的鞋子网站使用了重新定位，它们的广告（可能显示的是你正在考虑购买的运动鞋的图片）就会在网上跟随着你，显示在昨晚比赛的分数或你最喜欢的博客帖子旁边。如果你的最终防线崩溃了，买了运动鞋，好吧，卖鞋的网站可以把这条信息卖给 Blue-Kai，然后把它拍卖给一个运动服装网站。很快，你就会在互联网上看到各种关于吸汗袜子的广告。

这种持续的、个性化的广告不仅仅局限于你的电脑。像 Loopt 和 Foursquare 这样的网站，可以通过手机散播用户的位置信息，这为广告主提供了机会，让它们可以在用户外出或准备外出的时候，让针对性的广告能够触达用户。Loopt 正在开发一种广告系统，在这个系统里，商店可以提供特别的折扣和促销活动。就在用户跨进店门时，这些信息在他们的手机上反复出现。如果你坐在西南航空公司的航班上，那么你看到的座椅靠背电视屏幕上的广告可能与你旁边的乘客有所不同。毕竟西南航空知道你的名字，知道你是谁。通过将个人信息与安客诚之类的数据库交叉索引，它可以更了解你。为什么不给你看你自己的广告？或者，就此而言，为什么不给你一个有针对性的节目，让你更有可能去看呢？

另一家处理这类信息的新公司 TargusInfo 夸口说，它"每年可以提供超过 620 亿个实时属性的数据点"。这超过 620 亿个的数据点，都是关于用户是谁、他们在做什么、他们想要什么的数据。另一个名字不甚讨喜的企业 Rubicon Project，声称其数据库收集了超过 5 亿互联网用户的数据。

目前，重新定位正在被广告主使用着，没有理由认为出版商和内容提供商不会参与进来。毕竟，《洛杉矶时报》（*Los Angeles Times*）如果知道你是佩雷斯·希尔顿（Perez Hilton）的粉丝，就可以将对他的采访放在你的版面上，这意味着你更有可能留在网站上并四处点击。

这一切意味着你的行为现在已经成为一种商品，成为针对整个互联网世界提供个性化服务平台的市场中的一小部分。我们习惯于把网络看成是一系列一对一的关系：你与雅虎的关系以及你与你最喜欢的博客之间的关系是分开的。但是在这背后，网络正变得越来越一体化。企业逐渐意识到共享数据是有利可图的。多亏了安客诚和数据市场，网站可以把最相关的产品放在前面，并在你的背后交头接耳。

> 你的行为现在已经成为一种商品，成为针对整个互联网世界提供个性化服务平台的市场中的一小部分。企业逐渐意识到共享数据是有利可图的。网站可以把最相关的产品放在前面，并在你的背后交头接耳。

推动个人相关性业务发展的努力催生了今天的互联网巨头，它正在激励企业积累更多关于我们的数据，并在此基础上无形地调整我们的在线体验。它正在改变网络的结构。但正如我们将看到的，个性化模式对于我们如何消费新闻、做出政治决定，甚至对于我们如何思考将会产生更加深刻的影响。

第二章 | 用户即内容

　　互联网仍然有潜力成为比广播更好的民主媒介，今后也只能是互联网才能实现，而后者只拥有单向信息流。

　　但是，目前我们正在用一个具有明确的、经过充分辩论的公民责任感和公民身份意识的体系来交换一个没有道德感的体系。大告示牌正在拆除编辑决策和业务部门之间的壁垒。虽然谷歌和其他一些公司已经开始努力解决这个问题，但大多数个性化过滤器无法把点击量寥寥无几但真正重要的事情放在优先的位置。最后，"给人民他们想要的东西"变成一种脆弱而肤浅的公民哲学。

17

一切阻碍自由和充分交流的事物都会设置障碍，把人类分为不同的群体和派系，分为对立的派别，从而破坏了民主的生活方式。

——约翰·杜威（John Dewey）

这项技术如此美好，人们将很难看到或消费一些在某种意义上不是为他们量身定做的东西。

——谷歌首席执行官埃里克·施密特

加州山景城的微软 1 号大楼像一个长长的、低矮的金属灰色飞机库。如果不是 101 号高速公路上嗡嗡作响的汽车，你几乎可以听到超声波安检设备在嘎吱嘎吱作响。2010 年的这个星期六，除了几十辆宝马和沃尔沃汽车外，广阔的停车场空空如也。一丛低矮的松树在狂风中被吹弯了。

在大楼里面，铺着混凝土地面的走廊里挤满了穿着牛仔裤和运动夹克的首席执行官们，他们边喝着咖啡交换名片，边交流着有关商业交易的故事。大部分人从不远的地方过来，他们所代表的创业公司就在附近。吃着奶酪点心的是一群来自像安客诚和益博睿（Experian）这样的数据公司的高管，他们头天晚上从阿肯色州和纽约搭飞机过来。尽管出席的人数不到 100 人，但社交图谱研讨会还是吸引了精准营销（targeted-marketing）领域的领导者和杰出人物。

一阵铃声响起后，他们进入了分组研讨室，其中一组的对话很快变成了关于"内容获利"（monetize content）的争论。他们表示，这个场面看起

18

来并不适合媒体报道。

任何关注此事的人都清楚地看到，互联网给报纸的商业模式带来了许多打击，其中任何一种都可能致命。克雷格列表（Craigslist）的分类广告已经免费化，并且失去了180亿美元的营业收入。网络广告也没能弥补流失的这部分营收。一位广告先驱曾说过一句名言："我花在广告上的钱有一半是浪费的——我只是不知道是哪一半。"但互联网颠覆了这一逻辑——通过点击率和其他指标，企业突然能够准确地知道自己哪一半的钱被浪费了。当广告业没有达到所承诺的效果时，广告预算也相应会减少。与此同时，博主和自由撰稿人开始免费打包和制作新闻内容，这迫使报纸也在网上这么做。

但研讨室里的人最感兴趣的是，新闻行业所依赖的整个前提正在发生变化，而出版商甚至都没有注意到这一点。

在以往，《纽约时报》之所以能够获得高额广告费是因为广告主知道它能够吸引优质受众——来自纽约及纽约以外其他地方的富裕的舆论精英们。事实上，《纽约时报》在触达这类受众方面几乎处于垄断地位，只有少数其他报纸可以直接进入精英的家里（以及动得了他们的钱包）。

现在一切都变了。市场营销部门的一位高管对此直言不讳。"出版商正在走向衰落，"他说，"它们将会失败，因为它们并没有意识到这一点。"

如今，广告主可以利用从安客诚或大数据平台 BlueKai 获得的数据，追踪那些在世界各地的精英读者，而不是在《纽约时报》上刊登昂贵的广告。至少可以说，这是新闻行业的游戏规则改变者。广告主不再需要付钱给《纽约时报》来吸引受众，这些受众无论登录了哪些网站，广告主都可以锁定他们。换句话说，必须开发优质内容以获得优质受众的时代即将结束。

数字说明了一切。2003 年，网络文章和网络视频的出版商收割了广告主花在网站上的大部分广告费。如今在 2010 年，它们只收到了五分之一。不同之处在于广告主正在转向拥有数据的那些人，后者有许多人都出席了山景城的会议。业内流传的一份 PowerPoint 演示文稿简明扼要地指出了这一变化的意义。演示文稿描述了"优质出版商失去关键优势"的过程，因为

50 广告主现在可以在"其他更便宜的地方"瞄准高端受众。这里面的核心信息是很清晰的：现在的焦点是用户而不是网站。

除非报纸能把自己想象成行为数据公司，以大量炮制读者偏好的信息为使命。换句话说，除非报纸能够调整自己来适应个性化、过滤式的泡沫世界，否则它们就会玩完。

新闻塑造了我们对世界的观感，告诉我们什么是重要的，告知我们现存问题的规模、立场和性质。更重要的是，它为建立民主的共同经验和共同知识提供了基础。除非我们了解我们的社会所面临的重大问题，否则我们无法通过共同行动来解决这些问题。现代新闻之父沃尔特·李普曼（Walter Lippmann）更加准确地指出："如果无法稳定供应可靠而确切的新闻，那么最尖锐的民主批评者所宣称的一切都是真实存在的。无能和迷茫、腐败和不忠、恐慌和最终的灾难，必将降临到每一个无法了解可靠事实的人身上。"

如果说新闻很重要，那么报纸也很重要，因为它们的记者撰写了大部分的新闻报道。虽然大多数美国人是从地方和国家的电视广播中获取新闻的，但大多数真实的新闻和报道仍诞生在报纸的编辑部。它们是新闻经济的核心创造者。即使在 2010 年，博客仍然非常依赖它们：根据皮尤研究中

51 心（Pew Research Center）卓越新闻项目组的研究，博客文章链接中 99% 的内容来自报纸和广播网络，单是《纽约时报》和《华盛顿邮报》就占据了将近 50% 的博客文章链接。虽然网络原生媒体的重要性和影响力正在不断上升，但它们大多数仍不具备上述这些报纸以及英国广播公司（BBC）和美国有线电视新闻网等媒体所具有的塑造公众生活的能力。

但转变正在发生着。互联网所释放出的力量正在推动一场彻底的变革：谁来制作新闻，以及他们如何制作新闻。以前你必须买下整份报纸才能看到体育版，现在你可以去一个只报道体育新闻的网站，网站上每天的新内容足以填满十份报纸。以前，只有那些能够用大笔大笔

> 互联网所释放出的力量正在推动一场彻底的变革：谁来制作新闻，以及他们如何制作新闻。互联网的出现，使新闻实现"去中介化"了。

钱买下报道版面的人才能够接触到数以百万计的受众，而现在，任何人都能接触到，只要有一台笔记本电脑和一个新鲜的想法。

我们如果仔细观察，就可以开始描绘正在出现的新图景的轮廓了。对以下这些我们都了然于胸：

· 生产和传播各种媒介形式（文字、图像、视频和音频流）的成本，将继续减少并越来越接近于零。

· 结果就是，我们将为"关注什么"的多种选择所淹没，并且我们将继续承受"注意力崩溃"所带来的后果。这使得管理员变得更加重要。我们将更加依赖人工编辑和软件管理员来决定我们应该消费什么新闻。

· 专业的人工编辑非常昂贵，但是代码很便宜。我们将越来越多地依赖非专业的编辑（我们的朋友和同事）和软件代码来确定观看、阅读和了解的内容。这段代码将大量利用个性化的力量取代专业的人工编辑。

许多互联网观察家（包括我自己）都为"人工驱动的新闻"的发展欢呼雀跃——这是一种更加民主、参与性更强的文化叙事形式。但未来的发展可能更趋向于机器驱动而非人工驱动。而且，许多在"人工驱动"方面取得重大突破的佼佼者告诉我们更多的是我们当前的、过渡性的现实状况，而不是未来的新闻。"拉瑟门"（Rathergate）其实就是这个问题的典型例子。

距离 2004 年美国大选还有九个星期的时候，哥伦比亚广播公司宣布自己掌握了一些文件，这些文件可以证明布什总统篡改了自己的军事履历。这一宣示看起来似乎是克里竞选运动的转折点，此前克里在投票中处于落后状态。周三播出的电视新闻节目《60 分钟》（*60 minutes*）收视率很高。"今晚，我们将带来关于总统兵役的新文件和新消息，并且将首次采访那位声称自己曾牵线搭桥让年轻的乔治·W. 布什（George W. Bush）进入得克萨斯空军国民警卫队的人。"哥伦比亚广播公司新闻主播丹·拉瑟（Dan Rather）在陈述这些事实时严肃地说。

那天晚上，当《纽约时报》正在准备这篇新闻报道的标题时，一位名叫"哈里·麦克道格尔德"（Harry MacDougald）的律师和保守派活动人士在一个名为"自由共和"（Freerepublic. com）的右翼论坛上发了个帖子。在仔细察看了文件的字体之后，麦克道格尔德坚信文件中有可疑之处。他毫不隐讳地说："我现在要说的是，这些文件是伪造的，15 次的重复复印让它们看起来是做旧的。"他写道："这个应该被狠狠地追究。"

麦克道格尔德的帖子很快引起了人们的注意，关于这些仿作的讨论又蔓延到另外两个博客社区即权力电线（Powerline）和小绿足球（Little Green Footballs）。这些论坛的读者们很快就发现了其他不符合当年打字机特性的古怪之处。到第二天下午，颇具影响力的博客德拉吉报告（Drudge Report）让报道竞选运动的记者们讨论了这些文件的有效性。接下来的那一天，也就是 9 月 10 日，美联社、《纽约时报》、《华盛顿邮报》和其他媒体纷纷报道了这则新闻：哥伦比亚广播公司的独家报道可能不是真的。到了 9 月 20 日，哥伦比亚广播公司总裁就这些文件发表了一份声明："据我们目前掌握的情况，我们无法证明这些文件是真实的……我们不应该在此前使用它们。"尽管小布什军事履历的全部真相从未被披露，但世界上最著名的记者之一拉瑟却在第二年落寞地退休了。

现在，"拉瑟门"已成为博客和互联网改变新闻业游戏规则的神话中经久不衰的一幕。无论你的政治立场如何，这都是一个鼓舞人心的事件：活动家麦克道格尔德在一台家庭电脑上发现了真相，推翻了新闻业中最大腕的人物之一，并改变了选举的进程。

但这个版本的报道忽略了一个关键的地方。

从哥伦比亚广播公司播出这篇报道到它公开承认这些文件可能是伪造品的这 12 天内，其他广播新闻媒体进行了大量的报道。美联社和《今日美国》（USA Today）雇用了专业的文档审阅人员，他们仔细检查了文件的每一个字母和标点符号。有线新闻网络发布了令人屏息的最新消息。65% 的美国人以及几乎百分之百的政治界和媒体界人士，都在关注这则新闻。

只是因为这些新闻来源触达了许多看哥伦比亚广播公司新闻的人，哥伦比亚广播公司才不能忽视这则新闻。麦克道格尔德和他的盟友们可能是这件事的导火索，但印刷和广播媒体将之越燃越旺，发展为一场熊熊燃烧的大火。

换句话说，"拉瑟门"是一个关于网络和传统媒体（broadcast media）如何互动的好报道。但它几乎没有或者根本没有告诉我们，一旦广播时代完全结束，新闻将如何发展，也没有告诉我们，我们正以惊人的速度向广播时代结束的那一刻迈进。我们需要问的问题是，在后传统媒体（post-broadcast）世界里，新闻是什么样子的？它如何发展？它有什么影响？

如果塑造新闻的力量掌握在代码的手中而不是专业的人工编辑手中，那么代码是否能够胜任这项任务呢？如果新闻环境变得如此支离破碎，以至于麦克道格尔德的发现无法到达广大受众，那么它还会发生吗？

在我们回答这些问题之前，有必要快速回顾一下我们当前的新闻系统是怎么形成的。

受众的起落兴衰

1920 年，李普曼写道："西方民主的危机是新闻业的危机。"这两者是密不可分的，为了理解这段关系的未来，我们必须了解它的过去。

很难想象，有那么一段时间，"舆论"并不存在。直到 18 世纪中期，政治还仅限于宫廷政治的范畴。报纸只报道商业新闻和外国新闻，比如关于一艘布鲁塞尔护卫舰的报道和一封来自维也纳贵族的信件，报纸将这些新闻编排印刷好，出售给伦敦的商业阶层。只有当现代的、复杂的、中央集权的国家出现，同时有足够富裕的个人可以借钱给国王时，有远见的官员才会注意高墙外人们的观点。

公众领域以及作为其媒介的新闻的崛起，在一定程度上是由新出现的、复杂的社会问题推动的。从水资源的运输到帝国的挑战，这些社会问题都超越了个人经验的狭隘界限。但技术变革也产生了影响。毕竟，新闻传播的方式深刻地塑造着新闻的内容。

口头语言总是传递给特定的受众，但书面文字，尤其是印刷出版物，改变了这一切。在真正意义上，它使广大受众的出现和发展成为可能。这种应对广泛而匿名的群体的能力催生了启蒙运动时代。多亏了印刷媒体，科学家和学者能够将复杂的思想精准地传播给远方的受众。而且因为每个人都阅读同样的内容，跨国对话开始了，这在早期的由抄写员主导的时代是难以置信的。

56

在美国殖民地，印刷业发展迅猛。在革命时期，世界上没有其他地方有如此密集和多样的报纸。尽管这些报纸专为白人男性地主的利益服务，但它们还是为持不同政见者提供了共同的语言和共同的论题。托马斯·佩恩（Thomas Paine）在《常识》（*Common Sense*）一书中的抗争口号，帮助各殖民地培育团结互利的意识。

早期报纸的存在是为了给企业主提供有关市场价格和市场情况的信息，报纸的生存依赖于订阅业务和广告收入。直到 19 世纪 30 年代，随着"便士报"（penny press）——在街头叫卖，每份只卖一便士——的兴起，美国的普通民众才成为新闻消息的主要买主。也正是在这个时候，报纸开始刊登我们今天所认为的新闻。

小范围的、仅限于贵族阶层的公众正在转变为广泛大众。中产阶级在不断壮大。因为中产阶级既与国家日常生活有密不可分的利害关系，又有时间和金钱用于消遣娱乐，他们渴望新闻和奇观。报纸的发行量也在不断飙升。而且，随着教育水平的提高，越来越多人开始理解现代社会相互联系的本质。如果俄罗斯发生的事情会影响纽约的物价，那就有必要关注来自俄罗斯的消息。

但是，尽管民主和报纸越来越紧密地交织在一起，这种关系却并不简单。在第一次世界大战之后，关于报纸应该扮演什么角色的意见分歧失去控制。当时两个主要的论派领袖——沃尔特·李普曼和约翰·杜威围绕这个议题展开了激烈的争论。

57

李普曼对报纸加入一战的宣传阵营这一做法嗤之以鼻。在 1921 年出版的散文集《自由与新闻》（*Liberty and the News*）中，他愤怒地抨击了报业。他引用了一名编辑为战争服务时写的一句话，"政府征召了公众舆论……政府让舆论以正步行走，教舆论立正敬礼"。

李普曼写道，只要报纸还存在并且"由完全非公开和未经审查的标准来决定新闻生产，而不管有多高尚，不管普通公民应该了解到什么，也不管他们应该相信什么，那么就没有人能够说民主政府的实质是安全的"。

在接下来的十年里，李普曼进一步发展了他的思想。李普曼总结说，公众舆论太具有可塑性了——人们很容易被虚假信息操纵和引导。1925 年，他创作了《幻影公众》（*Phantom Public*）一书，试图彻底破除对于理性、知情的民众的幻觉。李普曼反对当时盛行的民主神话，在这种神话中，知情的公民有能力对当时的重大问题做出明智的决定。根本就找不到这种制度所要求的"全能公民"。在最好的情况下，如果执政党做得太糟糕，则可以信任普通公民用投票的方式来否决它；李普曼认为，真正的治理工作应该托付给受过良好教育和拥有专业知识的内部专家，让他们看看究竟发生了什么。

约翰·杜威是杰出的民主哲学家之一，他不想错过这次参与辩论的机会。《公众及其问题》（*The Public and Its Problems*）一书是杜威反驳李普曼书中观点的演讲集。在这本书中，他承认李普曼的许多批评意见都是正确的。媒体可以很容易操纵人们的想法。公民几乎无法得到足够的信息来进行恰当的管理。

然而，杜威认为，接受李普曼的建议相当于放弃了民主的承诺，这一理想虽然尚未完全实现，但仍有可能实现。杜威说："若想成人，必须通过交流的方式，让你强烈感觉到自己是独一无二的，却也是社区中的一员。"杜威说，20 世纪 20 年代的政府机构是关起门来的，民主在政府管理中是缺席的。但记者和报纸可以通过号召民众，提醒他们自身在国家事务中的利益，从而在政府管理的过程中起到重要作用。

虽然他们在解决方案的框架上存在分歧，但杜威和李普曼却从根本上同意，新闻制作本质上是一项政治和道德事业，出版商必须非常小心地承担它们的巨大责任。因为当时的报纸都在大笔大笔地赚钱，所以它们有足够的能力去倾听公众的意见。在李普曼的敦促下，更为可靠的报业集团在旗下报纸的经营和采编之间建立了一道区隔。它们开始提倡客观报道，并对倾向性报道进行抨击。在这种道德范式中，报纸有责任客观中立地传播信息并且创造公众空间，正是这种道德范式引导了过去半个世纪里新闻事业的理想。

当然，新闻机构经常达不到这些崇高的目标，甚至它们究竟有多努力，我们也总不十分清楚。对社会奇观和利润的追逐常常打败了对良好新闻实践的追求。媒体帝国做报道决策的目的是安抚广告主；并不是所有宣称自己"公平、平衡"的报纸都能说到做到。

多亏了像李普曼这样的批评家。尽管现有的体制仍不完美，却存在着一种道德感和公共责任感。但是，尽管过滤泡在一些方面正扮演着相同的角色，它却不是这样的。

新中间人

《纽约时报》评论家乔恩·帕里勒斯（Jon Pareles）将 20 世纪头十年称为"去中介化"（disintermediation）的十年。去中介化——消除中间商——是指"互联网聚合和重新包装所有公司、艺术和职业"，博客雏形网站建立者戴夫·温纳（Dave Winer）在 2005 年写道。"互联网最大的优点是它消解了权力，"互联网先驱埃丝特·戴森（Esther Dyson）说，"它把权力从中心抽走，带到了外围，削弱了体制的力量对人的控制，同时给了个体管理自己生活的权力。"

"去中介化"的故事在博客、学术论文和脱口秀上反复出现。在一个为人所熟知的版本中，这个故事是这样的：以前，报纸编辑在早上醒来，上班，设置读者的思考议题。他们可以这样做，因为印刷媒体很贵。作为新闻工作者，让公民能够阅读良好的新闻报道正是他们家长式的责任，这成为他们明确的理念。

他们中的许多人本意是好的，但是住在纽约和华盛顿特区的他们被权力的排场迷住了。他们以受邀参加的内部鸡尾酒会的数量来衡量成功与否，新闻报道也紧随其后跟着效仿。编辑和记者们成为了他们应该报道的文化的一部分。结果，有权势的人摆脱了困境，而媒体任由这些有权势的人摆布，媒体的利益与普通老百姓的利益背道而驰。

然后互联网出现，并使新闻实现"去中介化"了。突然之间，你不必依赖于《华盛顿邮报》对白宫新闻简报的解读，你可以自己查阅这份文件。中间人退出了，不仅是在新闻领域，还有音乐领域［你不再需要《滚石》（Rolling Stone）杂志了，你现在可以直接收听你最喜欢的乐队的音乐］、商业领域［你可以关注街上商店的推特（Twitter）账号］以及几乎所有其他的东西。这个故事讲述的是这样的未来：我们可以直接奔向我们想要的东西。

这是一个关于效率和民主的故事。把横亘在我们与渴望之物之间的邪恶中间人消灭掉，这个主意听起来很不错。从某种意义上说，"去中介化"正在承担媒体本身的概念。毕竟，"媒体"（media）这个词来源于拉丁语中的"中间层"（middle layer）。它位于我们和世界之间。核心争论是，媒体把我们与正在发生的事情联系起来，但是这要以牺牲直接经验作为代价。去中介化意味着我们可以两者兼得。

当然，这种描述也有些道理。虽然对守门人的迷恋是一个真正的问题，但去中介化既是事实也是神话。它的作用是使新的中介——新的看门人——不可见。《时代》（Time）杂志曾把"你"评选为年度人物，并在报道中宣称："这是多数人从少数人手中夺取了权力。"但正如法学教授、《交换大师》（Master Switch）的作者吴修铭（Tim Wu）所言："社交网络的兴起并没有消除中间人，而是改变了他们的身份。""虽然权力向消费者转移，但是，我们在使用何种媒体上有了指数级的更多选择，就此而言，消费者仍无法掌握权力。"

大多数租客和房东之间不直接交流，他们使用克雷格列表作为中介。有阅读需求的人使用亚马逊。有搜索需求的人使用谷歌。有社交需求的人使用脸书。这些平台拥有巨大的权力，在许多方面，它们就像以前的报纸编辑、唱片公司和其他中介机构一样。但是，尽管我们对《纽约时报》的编辑和美国有线电视新闻网的制作人就他们错过的故事和他们所服务的利益进行了仔细调查，我们却很少对新中间人背后的利益进行详细调查。

2010 年 7 月，谷歌新闻（Google News）推出了其热门服务的个性化版本。谷歌对关于共同经验的担忧很敏感，并确保突出显示了广大受众普遍感兴趣的"头条新闻"（top stories）。但是，看看那些排在榜首的新闻，你会发现，你只会看到一些本地的、与你个人相关的内容，这些新闻的筛选依据是你在使用谷歌服务时所表现出来的个人兴趣以及你过去点击过的文章。在谈到这一切的发展方向时，谷歌首席执行官直言不讳。"大多数人将在移动设备上享受到个性化的新闻阅读体验，这将在很大程度上取代他们传统的报纸阅读方式，"他对一位采访者说，"而那种新闻消费将非常私人化，非常有针对性。它会记住你所知道的。它会告诉你一些你可能想知道的事情。它将出现广告。对吧？而且，它将会跟阅读传统报纸或杂志一样方便和有趣。"

在"9·11"事件之后，克里希纳·巴拉特（Krishna Bharat）创建了谷歌新闻的第一个原型来聚合全球报道。自那以来，谷歌新闻成为全球顶级新闻门户之一。每个月都有数千万的访问者登录该网站而非 BBC。在斯坦福大学举行的 IJ-7 创新新闻发布会上，面对着一屋子相当焦虑的报纸专家，巴拉特提出了他的愿景。"记者应该担忧内容创作得好不好，其他技术人员应该考虑的是如何把内容推送给合适的人群。给定一篇文章，哪些人是最好的受众？这可以通过个性化方法解决。"巴拉特解释道。

在很多方面，谷歌新闻仍然是一种混合模式，部分新闻的选择仍来自专业编辑们的判断。当一个芬兰编辑问巴拉特如何确定报道的优先级时，他强调报纸编辑自己仍有不同比例的控制权："我们关注不同的编辑所做的不同的决定。你的报纸要报道什么，你什么时候出版它，你把文章放在首页的什么位置。"换句话说，《纽约时报》的编辑比尔·凯勒（Bill Keller）仍然拥有超乎寻常的能力，能够影响一则新闻在谷歌新闻上的突出地位。

这是一个微妙的平衡：一方面，巴拉特告诉采访者，谷歌应该推广读者喜欢阅读的内容。但另一面，过度个性化（例如，从报道全景中排除重要新闻）将是一场灾难。即使是为了自己，巴拉特似乎也还没完全解决这个难题。他说："我认为人们关心别人关心的事，关心别人感兴趣的东西，这就是他们社交圈里最重要的事。"

巴拉特的目标是让谷歌新闻走出谷歌网站出现在其他内容制作商的网站上。"一旦我们让个性化服务为新闻效力，"巴拉特在会议上说，"我们就可以利用这种技术，并将其提供给出版商，这样它们就可以适当地（改造）它们的网站，以满足每位访问者的兴趣。"

克里希纳·巴拉特处境尴尬是有原因的。虽然他对那些经常给他提问题的首页编辑们表示尊重，并且他的算法依赖于他们的专业知识，但是谷歌新闻如果成功的话，则可能最终会让很多首页编辑失去工作。毕竟，如果谷歌的个性化网站已经推出了最好的内容，那么为什么还要访问当地报纸的网站呢？

互联网对新闻的影响在很多方面都是爆炸性的。它强行扩大了新闻空间，把老企业赶出了自己的道路。它摧毁了新闻机构建立起来的信任。在这之后，公共空间变得比以前更加支离破碎了。

近年来，公众对记者和新闻提供者的信任直线下降已经不是什么秘密了。但这种信任度的历史发展却很诡异：皮尤研究中心的一项民意调查显示，2007 年到 2010 年间，美国人对新闻机构失去的信任比过去 12 年加起来还要多。就连对伊拉克是否拥有大规模杀伤性武器的失败报道也没有对这个数字造成多大影响，但 2007 年发生的什么事情，却对此造成了影响。

虽然我们还没有确凿的证据可以证明，但新闻公信力的暴跌似乎也是互联网的影响。当你只有一个消息来源时，这个消息来源不会让你太注意到它自己的错误和遗漏。毕竟，修正的内容以小字体隐藏在内页里。但随着大批新闻读者上网并开始从多种渠道获取信息，新闻报道之间的差异就被拉出来并被放大。你不会从《纽约时报》上看到很多关于《纽约时报》存在问题的报道，但你确实从政治博客上看到过，比如《每日科斯报》（Daily Kos）或小绿足球，以及来自两大阵营的团体，比如 MoveOn 或 RightMarch。换句

> 互联网对新闻的影响在很多方面都是爆炸性的。它强行扩大了新闻空间，把老企业赶出了自己的道路。它摧毁了新闻机构建立起来的信任。在这之后，公共空间变得比以前更加支离破碎了。

话说，更多的声音意味着更少的信任。

正如互联网思想家克莱·舍基（Clay Shirky）所指出的那样，这种新的低信任度可能是比较合适的，或许是传统媒体时代人为地保持了高信任度。但造成的结果是，对我们大多数人来说，现在一篇博文和《纽约客》上的一篇文章之间的权威性差异远比人们想象中的要小。

最大的互联网新闻网站雅虎新闻的编辑们可以看到这一趋势正在发挥作用。每天都有超过 8 500 万访问者登录雅虎，当雅虎链接其他服务器上的文章（即使是那些全国知名报纸的文章）时，它都必须提前提醒技术人员，以便他们能够处理这些负载。单个链接就可以产生多达 1 200 万的浏览量。但据新闻部门的一位高管说，对雅虎用户来说，新闻来自哪里并不十分重要。未来，相比于更值得信赖的新闻来源，刺激性的新闻标题将更能抓人眼球。这位高管告诉我："对于读者来说，《纽约时报》和一些随机挑选出的博主之间没有什么区别。"

65　　这就是互联网新闻：每篇文章要么登上了最热门的转发列表，要么就会不光彩地自行消失。过去，《滚石》杂志的读者从信箱里拿到杂志，然后浏览一遍；现在，这些流行的报道在网上被传阅，独立于杂志传播。我读过关于斯坦利·麦克克里斯托（Stanley McChrystal）将军的爆料，但不知道封面报道是关于卡卡女士的。"注意力经济"正在打破这种束缚，而被阅读的页面往往是最热门、最具诱惑性、最具病毒式传播特征的。

不仅仅是印刷媒体被瓦解了。当记者的绝望情绪主要集中于报纸的命运时，电视频道也面临着同样的困境。从谷歌到微软，再到康卡斯特有线电视集团（Comcast），高管们都很清楚，他们所谓的融合即将到来。每年有近 100 万美国人放弃有线电视服务，选择在网上观看视频。随着如网飞的点播电影和正版付费网站呼噜（Hulu）等更多的服务上线，这一数字将会加速上升。当电视完全数字化的时候，频道与品牌就没什么差别了，而节目的顺序就像文章的顺序一样，是由用户的兴趣和注意力而非电视台来决定的。

当然，这也为个性化服务打开了大门。"联网电视将成为现实。它将永久彻底地改变广告业。广告将变得具有互动性，并根据用户的需求被发送到用户个人的电视机上，"谷歌全球媒体副总裁亨里克·德卡斯特罗（Henrique de Castro）说。换句话说，我们可能会告别"超级碗"广告的年度惯例。当每个人都在看不同的广告时，它就无法产生与以往一样的轰动效应了。

如果说人们对新闻机构的信任度正在下降，那么这一边在社交和算法这种非专业管理的新领域，这种信任度正在上升。另一边，报纸和杂志被"撕碎"，每次都以不同的方式被重组编辑。脸书成为一个日益重要的新闻来源，因为我们的朋友和家人比曼哈顿的一些报纸编辑更有可能知道什么对我们来说是重要的，什么是与我们有关的。

个性化服务的支持者经常拉出像脸书这样的社交媒体来反驳这样一种观点，即我们最终会生活在一个狭小、过度过滤的世界里。这种观点认为，如果你在脸书上和你的垒球伙伴成为了好友，那么即使你不同意他的政治观点，你也得听他的言论。

因为我们相信我们所认识的人，所以他们确实可以把我们的一些关注点拉到我们眼前视野之外的话题上。但是对业余管理员网络的依赖存在两个问题。首先，根据定义，一般来说，一个人在脸书上的朋友会比较像自己，远胜于新闻媒体。这一点尤其正确，因为我们的现实社区也同样变得更加同质化——我们通常都认识生活在我们附近的人。因为你的垒球伙伴生活在你附近，他可能会分享你的许多观点。无论是在线上还是线下，我们都不太可能和与自己非常不同的人亲密接触，因此我们不太可能接触到不同的观点。

其次，个性化过滤器将越来越善于将自己掩盖在个人推荐内容之内。就像你喜欢朋友萨姆发的关于足球的帖子，而不是他对犯罪现场调查（CSI）的飘忽不定的沉思？用来观察和了解你与哪些内容进行互动的过滤器，会对一个又一个内容进行筛选，它甚至可以削弱一群朋友和权威人士所能提供的有限的影响力。谷歌的另一个产品谷歌阅读（Google Reader）帮助人们管理来自博客的文章流，现在它有了一个叫作"神奇排序"（sort by magic）的功能。

这就引出了媒体的未来可能不同于我们预期的最终路径。从早期开始，互联网的鼓吹者就认为互联网是一种天生活跃的媒介。苹果公司创始人史蒂夫·乔布斯在 2004 年对《苹果世界》（Macworld）说："我们认为，你看电视时，基本上你的大脑是停止运转的，而当你想让大脑动起来的时候，你就在电脑上工作。"

在技术圈里，这两种范式被称为"被动技术"（push technology）和"主动技术"（pull technology）。网页浏览器是"主动技术"的一个例子：你输入一个地址，然后你的计算机从该服务器中获取信息。另一方面，电视和邮件则属于"被动技术"：你无须采取任何行动，信息就会出现在你的电视上或送到你的门前。互联网发烧友们对这种从被动到主动的转变感到兴奋，原因现在已非常明显了：主动技术将媒体置于用户的控制之下，而不是用最普通的内容一波又一波地刷洗大众。

问题在于，"主动技术"实际上包含着大量的工作。它要求你一直保持自立自主，安排好你自己的媒体体验。这比美国人现在每周看 36 个小时电视所需的精力还要多。

在电视网络圈中，有个理论可以用来阐释美国人对大多数电视节目的被动选择方式，这个理论被称为"最不令人反感的电视节目"（least objec-tionable programming）。在研究 20 世纪 70 年代电视观众的行为时，付费点播模式创新先锋保罗·克莱因（Paul Klein）注意到，人们停止切换频道的速度比人们想象的要快得多。这个理论表明，在每周 36 个小时的大部分时间里，我们并不是在寻找一个特别的项目，而只是在寻找愉悦无碍的娱乐消遣。

这也部分解释了为何电视广告对频道所有者来说是一笔巨大的财富。因为人们被动地看电视，所以当广告出现时，他们更有可能继续看下去。说到"说服"，这种被动接受的方式是强有力的。

虽然广播电视时代可能即将结束，但"最不令人反感的电视节目"时代可能还没有结束，而且个性化服务将使这种体验更加讨人喜欢。YouTube公司的优先事项之一就是开发一款名为"LeanBack"的产品，该产品将视

频串在一起，它能同时具有"被动技术"和"主动
技术"两者的好处。它不像上网冲浪，更像看电视，
这是一种个性化的体验，用户要做的事情越来越少。

和音乐服务潘多拉一样，LeanBack 可以让观众轻松跳过视频，并且可以给
予观众反馈，以便他们选择下一个视频。比如说，观众可以给这个视频点
赞或者给这个视频差评。LeanBack 会学习。随着时间的推移，LeanBack 期
待能成为你自己的私人电视频道，将你感兴趣的内容整合在一起，需要你
做的事情将越来越少。

　　史蒂夫·乔布斯曾宣称，电脑是用来开启大脑的，这种说法可能过于
乐观了。事实上，随着个性化过滤变得越来越好，我们在选择想要看到的
东西时所需要的精力将会继续减少。

　　个性化服务改变了我们的新闻体验，同时它也改变了决定生产什么新
闻的经济逻辑。

大告示牌

　　博客帝国高客传媒（Gawker Media）位于苏活区的办公室看起来和北边
几英里远的《纽约时报》新闻编辑室不大一样。两者的主要区别在于悬挂
在房间上方的平板电视。

　　这个平板电视是个大告示牌，上面显示了关于文章的榜单和一连串的
数字。这些数字代表了每篇文章被阅读的次数，并且这些数字都很大。通
常来说，高客传媒的网站每月都会有数亿次的页面浏览量。大告示牌捕捉
了公司网站上的头条文章，这些头条文章涉猎广泛，从媒体（Gawker）到
小发明（Gizmodo），再到色情内容（Fleshbot）。如果你写的一篇文章出现
在大告示牌上，你就有可能得到加薪。如果你的文章很久没有上过大告示
牌，那你可能需要另谋他职了。

　　与之不同的是，《纽约时报》不允许记者和博主看到有多少人点击了他
们的新闻报道。这不仅仅是一个规则，更是《纽约时报》赖以生存的哲学：

作为一份"资料报纸"（the newspaper of record），《纽约时报》旨在为读者提供优秀的、经过深思熟虑的编辑判断力。"我们不会让指标来决定我们的任务和表现，"《纽约时报》编辑比尔·凯勒说，"因为我们相信，读者阅读我们的报纸是因为我们的判断力，而不是人群的判断。我们不是'美国偶像'。"如果读者们喜欢的话，他们也可以订阅另一份报纸，用脚投票，但《纽约时报》不会去迎合。担忧这些事情的《纽约时报》年轻作者们不得不贿赂报纸的系统管理员，让他们看一眼统计数据（这份报纸的确使用了汇总统计数据来确定要加强或弱化哪些网络特性）。

如果互联网当前的结构主要趋向于碎片化和局部同质性，那么存在一个例外：唯一比提供只与你相关的文章更好的方法是，提供与每个人相关的文章。对博主和管理者来说，流量观测（traffic watching）是一种新的嗜好。随着越来越多的网站发布它们的最受欢迎文章榜单，读者也可以加入其中凑个热闹。

当然，新闻报道对流量的追逐并不是一种新现象：自 19 世纪以来，报纸一直以耸人听闻的报道刺激发行量的增长。每年都会颁发的普利策新闻奖，就是为了纪念约瑟夫·普利策（Joseph Pulitzer），这位利用丑闻、性、恐吓和影射来推动销售的先驱。

但是，互联网的出现和发展使得这一追求的复杂程度和力度上了一个新台阶。现在《赫芬顿邮报》可以在其首页上刊登一篇文章，并在几分钟内就知道它是否走红。如果走红了的话，编辑们就可以通过更大力的宣传来推广它。允许编辑们观测新闻报道传播情况的仪表板则被认为是企业的皇冠明珠。"联合内容"（Associated Content）网站①向一大批网络撰稿人支付少量的费用，让他们浏览搜索查询的内容并针对最常见的问题编写回答页面。谁编写的页面访问量大，谁就能分享广告收入。类似掘客（Digg）和红迪（Reddit）这样的网站试图通过允许用户在网站首页上对整个互联网上已提交的文章进行投票，把整个互联网变成一个日益复杂的最受欢迎文

① 已于 2010 年被雅虎收购。——译者注

章榜单。红迪的算法甚至内嵌一套物理计算方法，使得没有获得持续认可的文章逐渐消失，并且，它的首页会组合展示一些文章，这些文章被认为是最接近你的个人偏好和行为表现的。这是过滤泡和最受欢迎文章榜单之间的联姻。

2004 年，智利的主流报纸《最新消息》(*Las Últimas Noticias*) 开始了这样一种报道模式，其报道内容完全基于读者点击阅读的内容。点击量大的新闻报道会有后续报道，而点击量寥寥无几的新闻报道则不会再跟进报道。记者们再也没有自己的节奏了——他们只是试图编写一些会被点击的故事。

在雅虎颇受欢迎的"最新新闻"(Upshot news) 博客上，一组编辑对搜索查询流所生成的数据进行挖掘，以实时查看人们感兴趣的条目。然后，他们会针对这些搜索的内容撰写相应的文章。当很多人搜索"奥巴马的生日"时，最新新闻会针对此发表一篇文章，很快搜索者就被引到雅虎的页面并看到雅虎的广告。"我们认为自己与许多竞争对手的区别在于，我们有能力整合所有这些数据，"雅虎传媒（Yahoo Media）副总裁在接受《纽约时报》采访时表示，"洞悉受众并对受众的需求做出回应进而创作内容，这个点子仅是策略的一部分，但它是一个重要组成部分。"

那么，什么样的文章会位居流量的顶端？"只要见红，就能上头条"是少数延续到新时代的新闻格言之一。显然，在不同的受众中流行的东西是不同的。一项针对《纽约时报》最受欢迎报道榜单的研究发现，涉及犹太教的文章经常被转发，这大概可以归因于《纽约时报》的读者群。此外，该研究得出结论，"更实用、更令人惊讶、情感更加丰富、更有积极价值的文章更有可能出现在某一天电子报纸的发送列表里，这些文章能唤起更多的敬畏、愤怒、焦虑和更少的悲伤"。

而在其他地方，最受欢迎榜单上的内容会显得有些粗暴。聚合新闻网站 Buzzfeed 最近链接到了来自《英国先驱晚报》(*Evening Herald*) 的"包罗万象的头条"(headline that has everything)："在同性恋酒吧，当一名身穿相扑选手套装的女子在其前女友向一名打扮成士力架巧克力棒 (a Snickers

Bar）的男子挥手后，袭击了她。"《西雅图时报》（*Seattle Times*）2005 年的头条新闻连续数周保持在阅读量最高的名单上，该报道关注的是一名男子在与马发生性关系后死亡的事件。《洛杉矶时报》2007 年的头条新闻是一篇关于世界上最丑的狗的文章。

对受众的需求反应灵敏听起来像是一件好事，而且在很多情况下，确实如此。"如果我们把文化产品的作用看成是给我们提供谈资的话，"《华尔街日报》的一名记者写道，"那么最重要的事情可能是，每个人都看到了同样的东西，而不是事物的本质是什么。"对流量的追逐使得媒体从无冕之王的宝座上掉落下来，让记者、编辑和其他人处于同等地位。《华盛顿邮报》观察员描述了记者经常表现出来的对读者的家长式作风："在过去的时代里，与《华盛顿邮报》的新闻编辑室共享营销信息几乎没有必要。媒体的利润很高，发行量很强劲。编辑们来决定他们所认为的读者需要阅读的内容，而这些内容不一定是读者想要的内容。"

高客传媒的模式几乎完全相反。如果《华盛顿邮报》效仿了"父辈"的做法，那么这些新企业更像是一群爱管闲事、焦虑不安的孩子，他们大声嚷嚷着要和"父辈"一起玩，并被抚养成人。

当我问到重要但不受欢迎的新闻未来前景如何时，麻省理工学院媒体实验室的尼古拉斯·尼葛洛庞帝笑了。他说，一方面是阿谀奉承的个性化服务——"你太棒了，太棒了，我会把你想听的内容告诉你。"另一方面则是家长式的做法："不管你想不想听这些内容，我都会告诉你，因为你需要知道这些事情。"目前，我们正朝着前者的方向前进。"随着政教分离制度（the separation of church and state）正在逐渐瓦解，这将是一个长期的调整过程，"迈克尔·舒德森（Michael Schudson）教授说，"适度而为，这看起来是不错的，但是高客传媒的大告示牌是一个可怕的极端，它意味着投降。"

关于苹果公司和阿富汗

谷歌新闻比许多过滤泡创造者更关注政治新闻。毕竟，它在很大程度上依赖于专业编辑的决策。但即使在谷歌新闻里，关于苹果公司的报道，其重要性也超过了关于阿富汗战争的报道。

我喜欢我的 iPhone 和 iPad，但很难说这些东西与阿富汗的事态发展具有同等的重要性。然而，这种以苹果公司为中心的排名表明，流行榜单和过滤泡的结合会遗漏重要且复杂的事情。"如果流量最终主导了报道，"《华盛顿邮报》的观察员写道，"那么《华盛顿邮报》是否会因为一些重要新闻很'无聊'而选择放弃报道它们？"

除了研究儿童贫困问题的学者和直接受影响的人之外，一篇关于儿童贫困问题的文章会不会对我们中的许多人产生巨大的个人影响？也许不会，但了解它仍然很重要。

左派的批评者经常争辩道，美国的顶级媒体低估了这场战争。但是对我们中的许多人来说，包括我自己在内，阅读阿富汗的新闻报道是一件苦差事。有关的报道错综复杂，令人感到困惑和沮丧。

然而，根据《纽约时报》的编辑决策，我需要了解类似于阿富汗战争这样的新闻报道。尽管流量肯定很低，他们仍坚持把这些报道放在首页，而我还是继续阅读这些报道。（但是这并不意味着《纽约时报》对我的个人偏好不管不顾。实际上它支持了我其中一种个人偏好，那就是渴望了解世界，而非点击任何能激起我兴趣的东西这种更直接的偏好。）在有些地方，媒体将新闻报道的重要性置于人气或个人相关性之上，这是有用的，甚至是必要的。

克莱·舍基指出，报纸读者们通常都会跳过政治话题。但要做到这一点，他们至少得看一下报纸的头版。因此，如果发生了一场巨大的政治丑闻，就会有足够多的人知道这件事，从而对选举产生影响。"问题是，"舍基说，"普通市民如何能做到忽略每天排在末位的新闻，却能在危机发生时保持警醒呢？你又如何用如果事情变得太腐败警报就会被拉响的这种可能性来提醒商界和公民领袖呢？"新闻网站首页曾经扮演了这个角色，但是现在，完全跳过它是有可能的。

这让我们回到约翰·杜威的视角。在杜威看来，正是这些问题——

"联合和互动行为所导致的间接、广泛、持久和严重的后果"——呼唤公众的出场。那些间接地影响我们所有人的生活但却存在于我们眼前利益范围之外的重要问题是民主存在的基础和理由。《美国偶像》（*American Idol*）可能会让我们很多人围绕着同一个壁炉抱团取暖，但它并没有呼唤出我们的公民。无论好坏，我都想争取更好的，正如以往媒体的编辑们所做的那样。

当然，没有回头路可走，也不应该有回头路。互联网仍然有潜力成为比广播更好的民主媒介，今后也只能是互联网能实现，而后者只拥有单向信息流。正如记者利布林（A. J. Liebling）所指出的那样，新闻自由属于那些拥有新闻自由的人。现在我们都拥有着。

但是，目前我们正在用一个具有明确的、经过充分辩论的公民责任感和公民身份意识的体系来交换一个没有道德感的体系。大告示牌正在拆除编辑决策和业务部门之间的壁垒。虽然谷歌和其他一些公司已经开始努力解决这个问题，但大多数个性化过滤器无法把点击量寥寥无几但真正重要的事情放在优先的位置。最后，"给人民他们想要的东西"变成一种脆弱而肤浅的公民哲学。

然而，过滤泡的兴起不仅影响我们处理新闻的方式，它还会影响我们的思维方式。

第三章 | 阿得拉社会

　　在互联网上，个性化过滤器可以让你获得如阿得拉这样的药物给予的那种强烈的、狭隘的注意力。如同一个透镜，过滤泡通过控制我们看到的和看不到的东西来无形地改变我们所经历的世界。它干扰我们的心理过程和外部环境两者之间的相互作用。

　　我们如果想知道世界到底是什么样子的，就必须了解过滤泡是如何塑造和扭曲我们对世界的看法的。

　　在过滤泡中，你根本看不到你不感兴趣的东西。你甚至没有意识到你错过了一些重大事件和想法。你如果不了解这些信息所处的大环境是怎样的，就无法从你所看到的链接中评估这些信息的代表性。

77

"让人们和与己不同的人交流、让人们的思想及行为模式和不同于他们所熟知的思想及行为模式相碰撞，其所产生的价值并非言过其实……尤其在当今时代，这种交流一直是进步的主要来源之一。"

——约翰·斯图尔特·密尔（John Stuart Mill）

一些至关重要的独特发现的诞生方式，让人们想到的是梦游者而不是电子大脑的行为。

——阿瑟·凯斯特勒（Arthur Koestler），《梦游者》（*The Sleepwalkers*）

1963 年春天，外交官们蜂拥而至日内瓦。来自 18 个国家的代表团已经抵达瑞士，就禁止核试验条约进行谈判，瑞士首都的许多地方都在举行会议。在美国和苏联代表团进行了一个下午的讨论之后，78一位年轻的克格勃（KGB）① 官员走向 40 岁的美国外交官戴维·马克（David Mark），并用俄语低声对他说："我是苏联代表团的新人，我想和你谈谈。但我不想在这里谈。我想和你共进午餐。"向中央情报局的同事报告了这件事后，马克同意了这一请求，两人计划第二天在当地一家餐馆见面。

在餐馆里，这位名叫"尤里·诺森科"（Yuri Nosenko）的警官解释说，他有点走投无路了。在日内瓦的第一个晚上，诺森科喝得酩酊大醉，把一名妓女带回了他的酒店房间。醒来后，他惊恐地发现用于应急的价值 900 美元的瑞士法郎不见了。在 1963 年，这可是一笔不小的数目。"我必须填补

———————————

① 苏联国家安全委员会。——译者注

这个缺口，"诺森科跟马克说，"我可以给你一些中情局很感兴趣的信息，我只想要我的钱。"他们安排了第二次会面，诺森科到达见面地点的时候，显然已处于醉醺醺的状态。"我被击败了，"诺森科后来承认，"喝得烂醉。"

为了换取这笔钱，诺森科答应在莫斯科为中央情报局进行间谍活动。1964年1月，他与中情局联络人当面讨论了他的调查发现。这一次，诺森科带来了大新闻：他声称已经掌握了苏联国家安全委员会关于李·哈维·奥斯瓦尔德（Lee Harvey Oswald）的文件，并表示文件中没有任何内容表明苏联事先知道肯尼迪遇刺事件，也许可以排除苏联参与此事的可能性。如果他被批准离开苏联并在美国重新定居，他愿意与中央情报局分享这份文件的更多细节。

诺森科的提议很快被传送到位于弗吉尼亚州兰利的中央情报局总部。这似乎是一个潜在的巨大突破：在肯尼迪遇刺后的头几个月里，确定谁是暗杀行动的幕后主使是中情局的首要任务之一。但他们怎么知道诺森科说的是不是真话呢？诺森科案件的主要探员之一詹姆斯·吉泽斯·安格尔顿（James Jesus Angleton）对此持怀疑态度。诺森科可能是一个陷阱，甚至是一个"大阴谋"的一部分，目的是让中央情报局在远离真相的道路上越走越远。经过多次讨论，特工们同意让诺森科叛逃。如果他说谎，这将表明苏联确实知道奥斯瓦尔德的一些事情；如果他说的是真话，那么他将有助于美国的反间谍活动。

事实证明，这两种想法都错了。诺森科在1964年前往美国，中央情报局新近才收集了大量详细的档案卷宗。几乎在诺森科一开始汇报的时候，矛盾就开始出现了。诺森科声称他是1949年从军官培训计划毕业的，但中央情报局的文件显示并非如此。他声称没有获得他所在之地的克格勃官员本应该拥有的文件。此外，为什么这个在苏联有妻儿的男人在叛逃的时候没有带上他们呢？

安格尔顿变得越来越多疑，尤其是在他的酒友金·菲尔比（Kim Philby）被发现是苏联间谍之后。显然，诺森科是一个诱骗者，被派遣的任务是引发争论以及破坏情报机构从另一个苏联叛徒那里得到的情报。任务执行情况报告变得更加令人紧张。1964 年，诺森科被单独监禁，在那里，他遭受了数年的严厉审讯，审讯的目的是要摧毁他的意志，迫使他招供。在一周内，他接受了 28 个半小时的测谎试验。尽管如此，这件事情还是没有任何突破。

并非中央情报局里的每个人都认为诺森科是间谍。随着他的传记中更多细节被披露，人们越来越觉得，他们囚禁的那个人不是间谍头子。诺森科的父亲是苏联造船工业部部长，也是共产党中央委员会的一员，拥有着以他的名字命名的建筑。当年轻的尤里·诺森科被人发现在海军预备学校偷东西并且被同学殴打时，他的母亲直接向斯大林抱怨；后来，他的一些同学被派往了苏联前线作为惩罚。看起来，尤里·诺森科越来越像是"一个高级领导人的儿子"，这显得有点混乱。毕业日期出现差异的原因变得很清楚：诺森科因为在马克思列宁主义的考试中不及格而被学校推迟了一年毕业，他为此感到羞愧。

到了 1968 年，中央情报局高级情报员中其余的人开始相信这个机构在折磨一个无辜的人。他们给了他 8 万美元，并且在美国南部的某个地方给他安排了新的身份。但数十年来，围绕他的可靠性的激烈争论一直困扰着中央情报局，主张"大阴谋"（master plot）论的理论家们与那些相信他说的是真话的人之间展开了激烈的争论。最后，他们针对诺森科的案件进行了 6 项独立调查。2008 年诺森科去世时，他的死讯被一位拒绝透露姓名的"高级情报官员"透露给了《纽约时报》。

受这场内部辩论影响最大的官员之一是一位名叫"理查兹·霍耶尔"（Richards Heuer）的情报分析师。霍耶尔在朝鲜战争期间被招进了中央情报局，但他一直对哲学感兴趣，尤其对认识论的分支知识研究兴趣浓厚。虽然霍耶尔没有直接参与诺森科的案子，但他因手头上其他工作被要求对这个案子进行简要介绍，而且他一开始就陷入了"大阴谋"假说。多年后，他着手分析那些情报分析人员，想要找出导致诺森科在中央情报局监狱中多年行踪成谜的逻辑里所存在的缺陷。分析的结果是一本名为《智力分析心理学》（*Psychology of Intelligence Analysis*）的小书，该书的序言充满了霍耶尔的同事和老板们的溢美之词。这本书是为准间谍人员准备的心理学和认识论领域的书籍。

对于霍耶尔来说，诺森科案失败的核心教训是明确的："情报分析人员对他们的推理过程应该保持自我意识。"他们应该考虑如何做出判断并得出结论，而不仅仅是考虑判断和结论本身。

霍耶尔写道，我们存在一种倾向，认为世界似乎就是它看起来的样子，即使我们有相反的证据证明事实并非如此。孩子们最终会明白，从视线中移走的零食不会从宇宙中消失，但即使我们变成熟了，我们仍然倾向于把"看"和"相信"混为一谈。哲学家们称这种观点为天真的现实主义，它既危险又诱人。我们倾向于相信我们完全掌握了事实，相信我们在这些事实中看到的模式也是事实。（"大阴谋"论的支持者安格尔顿确信，诺森科的事实性错误模式表明，他在隐瞒着一些东西并因不堪重压崩溃了。）

那么，就那件事而言，什么是情报分析人员或者任何渴望美好世界图景的人应该做的呢？霍耶尔认为，首先我们必须意识到，我们往往是以间接的方式来认识真实事物的，后者经过了媒体、其他人以及人类思想中许多扭曲的元素编辑、操纵和过滤，以间接的、扭曲的方式呈现出来。

诺森科案件中充满了扭曲因素，而主要来源的不可靠性只是其中最明显的一个。尽管中央情报局收集了大量关于诺森科的数据，但这些数据在某些重要方面是不完整的：中情局对他的级别和地位了解得很多，但对他的个人背景和私人生活了解得却很少。这就导致了一个几乎毋庸置疑的假设："苏联国家安全委员会绝不会在这么高的级别上出现错误；因此，他一定是在欺骗我们。"

霍耶尔写道："要得到最清晰的世界图景，分析师需要的不仅仅是信息……他们还需要了解这些信息传递时所经过的镜头。"有些扭曲透镜在我们的脑袋之外。就像实验中的一个偏差样本，不均衡的数据选择会给人留下错误的印象：由于一些结构性和历史的原因，中情局关于诺森科个人历史的记录远

如同一个透镜，过滤泡通过控制我们看到的和看不到的东西来无形地改变我们所经历的世界。它干扰我们的心理过程和外部环境两者之间的相互作用。我们如果想知道世界到底是什么样子的，就必须了解过滤泡是如何塑造和扭曲我们对世界的看法的。

远不够。其中一些原因归于认知的过程：例如，我们倾向于将"大量的数据"转化为"可能是真实的"。当扭曲因素中的几个因素同时运作时，他们就很难看清到底发生了什么——开心屋的镜子里面映射着反映现实的开心屋镜子。

这种扭曲的效果是个性化过滤器带来的挑战之一。如同一个透镜，过滤泡通过控制我们看到的和看不到的东西来无形地改变我们所经历的世界。它干扰我们的心理过程和外部环境两者之间的相互作用。在某些方面，它可以起到放大镜的作用，有助于扩展我们对知识利基领域的看法。但与此同时，个性化过滤器限制了我们所接触的内容，因此影响了我们的思考和学习方式。它们可以打破微妙的认知平衡，而这种认知平衡往往可以帮助我们做出正确的决定，提出新的想法。因为创造力也是思想和环境相互作用的结果，所以个性化过滤器也可能会阻碍创新。我们如果想知道世界到底是什么样子的，就必须了解过滤器是如何塑造和扭曲我们对世界的看法的。

微妙的平衡

给人类的大脑挑毛病已成为一种时尚。用行为经济学家丹·艾瑞里（Dan Ariely）所著畅销书里的话来说，我们"意料之内地非理性"。《撞上幸福》（*Stumbling on Happiness*）一书的作者丹·吉尔伯特（Dan Gilbert）展示了大量的数据，以证明我们在弄清楚什么让我们感到快乐这一方面做得很糟糕。就像魔术表演的观众一样，我们很容易被欺骗、操纵和误导。

所有这些都是事实。但正如《犯错的价值》（*Being Wrong*）一书的作者凯瑟琳·舒尔茨（Kathryn Schulz）所指出的那样，这只是故事的一部分。人类可能是行走着的"误判""矛盾"和"不理智"等因素的集合体，但我们被创造成这个样子基于这样一个理由：引导我们走上错误和悲剧之路的认知过程，同样也是使我们能够有智慧和能力来应对及存活于这样一个变化中的世界的根本原因。当认知失败时，我们会关注我们的心理过程，但这却让我们忽视了一个事实：大多数时候，我们的大脑表现得出奇地优秀。

这一机制是一种认知平衡行为。我们从来没有想过，我们的大脑在从过去学到太多东西和从现在吸收太多新信息之间走钢丝，寻求平衡。这种平衡能力，即以适应不同环境和模式的需求，是人类认知力中最惊人的特征之一。人工智能还远未达到拥有这种平衡能力的程度。

个性化过滤器可以通过两种重要方式打破我们在强化现有想法和获取新想法之间的认知平衡。第一，过滤泡使我们周围充满着我们已经熟悉（并且已经认可）的想法，导致我们对自己的思维框架过于自信。第二，它从我们的环境中移除一些激发我们学习欲望的关键提示。要理解如何做到这一点，首先我们必须看看平衡的状态是怎么样的，这要从我们如何获取和存储信息开始。

过滤并不是一种新现象。它已经存在了数百万年，事实上，它甚至在人类存在之前就已经存在了。即使对于有基本感觉的动物来说，几乎所有通过感官进入的信息都是毫无意义的，但是有一小片段是重要的，有时还在生命中保存下去。大脑的主要功能之一是识别出这一小片段，并决定如何处理它。

人类最初采取的步骤之一是大规模压缩数据。正如纳西姆·尼古拉斯·塔勒布（Nassim Nicholas Taleb）所说："信息需要被缩减。"每分每秒我们都要减少很多信息，将我们眼睛看到的和耳朵听到的大部分信息压缩成能抓住要点的概念。心理学家称这些概念为"图式"（它们中的一个就是一种图式），并且它们开始可以识别特定的神经元或神经元组，这些神经元或神经元组相互之间有所联系。例如，当你识别一个特定的物体如椅子时，你会想到生火。图式确保了我们不会处于不断重新认知世界的状态：一旦我们确定了什么东西是椅子，我们就知道如何使用它。

我们不只是对有形物体这样做，对待想法观点，我们也是这套做法。在一项关于人们如何阅读新闻的研究中，研究者多丽丝·格雷伯（Doris Graber）发现，出于记忆的目的，报道会被快速地转换成图式。"那些在当时看来并不重要的细节以及报道的大部分背景，通常都会被删减。"她在《处理新闻》（*Processing the News*）一书中写道，"这样的平整和打磨，包含了对这则报道所有特征的凝练。"看过一个被流弹杀死的孩子的新闻片段后，受众可能记得孩子的外貌和悲惨的背景，但不会记得关于整体犯罪率下降的报道。

图式实际上会妨碍我们直接观察正在发生的事情的能力。1981 年，研究员克劳迪娅·科恩（Claudia Cohen）指导受试者观看一个女人庆祝生日的视频。有的受试者被告知这个女人是一位女服务员，有的被告知她是一位图书管理员。随后，受试者们被要求重建场景。那些被告知她是女服务员的受试者们记得她在喝着啤酒，而那些被告知她是图书管理员的受试者们则记得她戴着眼镜并听着古典音乐（视频显示这三件事情她都在做）。与她的职业不相符的那些信息更容易被遗忘。在某些情况下，图式是如此强大，以至于它们甚至可以导致信息被捏造。新闻研究者多丽丝·格雷伯发现：将 12 个电视新闻报道展示给 48 位受试者后，这些受试者中有三分之一的人根据被这些报道激活的图式，在关于这些电视新闻报道的记忆中添加了细节。

我们一旦习得了图式，就倾向于强化它们。心理学研究者称这为"确认偏误"（confirmation bias），即倾向于相信能强化我们现有观点的事物，去看我们想要看到的东西。

关于"确认偏误"最早也是最好的研究之一来自 1951 年的大学橄榄球赛季决赛。在这场决赛中，普林斯顿大学对阵达特茅斯学院。普林斯顿大学在整个赛季都没有输过一场比赛。它的四分卫迪克·卡兹梅尔（Dick Kazmaier）刚刚登上《时代》杂志的封面。但是自从卡兹梅尔在第二节比赛中因为鼻子受伤而下场后，事情开始变得很艰难，比赛变得非常糟糕。在随后的混战中，一名达特茅斯学院的球员因为摔断了一条腿而告别了赛场。

普林斯顿大学赢了，但之后两所大学都在各自的报纸中互相指责。普林斯顿大学的人指责达特茅斯学院发动了低位攻击；达特茅斯学院的人认为，普林斯顿大学的四分卫一受伤，他们就图谋不轨了。幸运的是，当时有一些心理学家可以弄清楚这两种相互矛盾的说法。

他们让两所学校里没有看过比赛的学生分组观看了比赛的录像，并计算出双方犯了多少次错误。平均来看，普林斯顿大学的学生认为达特茅斯学院有9.8起违规事件，而达特茅斯学院的学生则认为他们的球队只有4.3起违规事件。一位收到了影像拷贝的达特茅斯学院校友抱怨说，他的版本肯定缺少了一部分，因为他没有看到任何一处听说过的违规的地方。每个学校的支持者都只看到了他们想看的内容，而不是录像里真正的内容。

政治学家菲利普·泰特洛克（Philip Tetlock）也发现了类似的结果，他邀请了许多学者到他的办公室，请他们基于各自的专业领域对未来做出预测。苏联会在未来十年内垮台吗？美国经济将在哪一年重新开始增长？十年来，泰特洛克一直在问这些问题。他不仅请教了专家，还请教了街头民众，包括街头管道工和没有什么政治或历史专业知识的教师。当他最终汇总结果时，连他自己都感到惊讶。这并不仅仅是因为普通人的预测打败了专家的预测。就算是专家们的预测，也不尽相同。

为什么会这样呢？专家们在他们用来解释世界的理论上进行了大量的投入。在研究数载之后，他们会越发觉得这些理论无处不在。举个例子，看涨股市的分析师们对金融前景保持乐观的看法，却无法识别几乎使经济崩溃的房地产泡沫——尽管这种趋势对任何一个人来说都是显而易见的。这不仅仅是因为专家们容易受到确认偏误的影响，而且是因为他们特别容易受到其影响。

没有一个图式是孤岛，我们头脑中的想法在不同的网络和层次中相互联系。没有锁、门和许多其他支持性的想法，"钥匙"并不是一个有用的概念。我们如果太快地改变这些概念，例如，改变我们关于"门"的概念而不调整"锁"的概念，那么可能最终会移除或改变其他想法所依赖的想法，并使整个系统崩溃。确认偏误是一种保守的心理力量，有助于支撑我们的图式不受侵蚀。

因此，学习是一种平衡。发展心理学的主要人物之一让·皮亚杰（Jean Piaget）将其描述为一个同化和适应的过程。当孩子们将物体与他们现有的

> 过滤泡可以极大地放大确认偏误，在某种意义上来说，它被设计成这样。消费符合我们世界观的信息是轻松和愉快的，而消费能够促使我们以新方式进行思考或质疑我们现存假设的信息则令人感到沮丧和困难。

认知结构相适应时，就会发生同化，就像婴儿把婴儿床里的每一个物体都当成是可以吮吸的东西一样。当我们根据新的信息，比如"啊，这不是可以吮吸的东西，而是要发出噪音的东西！"调整我们的图式时，适应就发生了。我们修改我们的图式以适应世界，修正世界以适应我们的图式，它是在恰当地平衡成长和知识建立这两个过程。

过滤泡可以极大地放大确认偏误，在某种意义上来说，它被设计成这样。消费符合我们世界观的信息是轻松和愉快的，而消费能够促使我们以新方式进行思考或质疑我们现存假设的信息则令人感到沮丧和困难。这就是一个政治派别的坚定支持者往往不去接触另一个政治派别的媒体的原因。因此，建立在点击信号上的信息环境将有利于支持我们现有的世界观，而不是去挑战它们。

例如，在 2008 年美国总统大选期间，一直有传言称，信奉基督教的巴拉克·奥巴马（Barack Obama）是伊斯兰教的追随者。相关的电子邮件被发送给了数百万人，并提供了有关奥巴马"真实"宗教信仰的"证据"。电子邮件还提醒选民，奥巴马曾在印尼待过一段时间并有一个中间名侯赛因。奥巴马竞选团队在电视上进行了反击，并鼓励其支持者澄清事实。但即使是关于他的基督教牧师杰里迈亚·赖特（Rev. Jeremiah Wright）的丑闻上了头版，也无法戳破这个传言。15% 的美国人固执地认为奥巴马是穆斯林。

这并不令人惊讶，美国人从来都没有充分了解我们的政客。令人困惑的是，自大选以来，持有这种想法的美国人的比例几乎翻了一番，而根据皮尤慈善信托基金会（Pew Charitable Trusts）收集的数据，这种增长在受过大学教育的人群中最为明显。在某些情况下，受过大学教育的人比没有受过大学教育的人更容易相信这则传言，这真是一种奇怪的状态。

为什么？根据《新共和》（The New Republic）杂志乔恩·蔡特（Jon Chait）的说法，答案就在于媒体："政党倾向分明的民众更倾向于采用能证实他们意识形态信仰的新闻来源。受过更多教育的人更有可能关注政治新闻。因此，受教育程度越高的人实际上越有可能受到误教。"尽管这种现象一直都真实存在，但过滤泡将其自动化了。在过滤泡中，那些可以验证你已知之事的内容占比会大大增加。

这就引出了过滤泡阻碍学习的第二种方式：它可以阻止研究者特拉维斯·普罗克斯（Travis Proulx）所说的"意义威胁"（meaning threats），即混乱的、令人不安的事件可以激发我们对理解和获取新思想的渴望。

加州大学圣塔芭芭拉分校的研究人员要求受试者阅读两种修改版本的《乡村医生》（The Country Doctor），《乡村医生》是一部由弗朗茨·卡夫卡（Franz Kafka）撰写的古怪、奇幻的短篇小说。"一个病重的男人在十英里外的村子里等着我"，故事开始了。"一场严重的暴风雪阻隔在我和他之间。"这位医生没有马，但当他去马厩时，那里很暖和，而且有马的气味。一个好斗的马夫从泥泞的马厩中爬出来，并提出要帮助医生。马夫叫来两匹马，并试图强奸医生的女佣，而医生在大雪中被迅速地送到了病人的家里。这只是个开始，奇怪的事会升级。故事以一系列不符合逻辑的结论和一句隐晦的格言结尾："一旦有人被误报的夜钟唤醒，就再也没有什么好事了，永远也不会。"

这个版本的故事的灵感来自卡夫卡，其中就包含了"意义威胁"的意味，即这些难以理解的事件威胁到读者对世界的期望，动摇了他们对自己的理解能力的信心。但研究人员还准备了另一个版本的故事，这个版本有着更为传统的叙事方式、永远幸福的结局和适当的卡通插图，还对神秘和奇怪的事情进行了解释。在阅读了其中一个版本后，受试者被要求转换任务，在一组数字中识别模式。阅读卡夫卡版本的受试者识别出来的模式数量差不多是另一组的两倍，他们发现并获得新模式的能力显著提高。"我们研究的关键是，我们的受试者对这一系列意外事件感到惊讶，并且他们无法理解这些事件，"普罗克斯写道，"因此，他们努力想弄明白别的东西。"

出于类似的原因，经过过滤的环境可能会对好奇心产生影响。心理学家乔治·洛温斯坦（George Lowenstein）认为，当我们面对"信息鸿沟"（information gap）时，好奇心会被激发。"这是一种欲求不满：礼物的包装剥夺了我们对内含之物的了解，因此我们对它里面有什么感到好奇。"但是要想感到好奇，我们必须意识到某些东西被隐藏了。因为过滤泡隐藏了一些不可见的东西，所以我们不会有驱动力去了解我们不知道的东西。

正如弗吉尼亚大学媒体研究教授和谷歌专家锡瓦·瓦德亚纳森（Siva Vaidhyanathan）在《万物谷歌化》（*The Googlization of Everything*）一书中所写的那样："学习是一种与你不知道的、你没有想到过的、你无法想象的，以及你从未理解或娱乐过的东西的不期而遇。这是一种与其他事物甚至与差异性本身的不期而遇。谷歌在互联网搜索者和搜索结果之间插入的那种过滤器使搜索者无法体验这种重要的不期而遇。"个性化服务是指构建一个完全由相近的未知事物组成的环境，例如体育花边新闻或政治琐闻，它们并没有真正动摇我们的模式，而是让人感觉像是新的信息而已。个性化的环境非常擅长回答我们已有的问题，但却不善于提出我们完全看不到的问题或困难。这让人想起了毕加索（Pablo Picasso）的名言："电脑没啥用，它们只能给你答案。"

如果不考虑意外事件和联想所带来的惊喜，一个完美过滤的世界将会激发更少的学习。此外，个性化方式还会扰乱另一种心理平衡——让我们更具创造力的开放心态和专注心态之间的平衡。

阿得拉社会

药物阿得拉（Adderall）是安非他明（amphetamines）的混合物。它专治注意力缺失症（ADD），目前已经成为了成千上万超负荷运转、睡眠不足的学生的必备品，阿得拉可以让他们对晦涩难懂的研究论文或复杂的实验任务保持长时间的注意力。

对于没有注意力缺失症的人来说，阿得拉也有显著的作用。在讨论草药和冥想的在线论坛 Erowid 上，消遣毒品的吸食者和探索大脑潜力的开发者有着一篇又一篇关于该药物提升注意力的功效的评论文章。"我的大脑中有一部分对收件箱里是否有新邮件感到好奇，但是现在那里停止运转了。"作家乔希·福尔（Josh Foer）在《页岩》（Slate）的一篇文章里说道，"通常来说，我每次只能盯着电脑屏幕 20 分钟。吃了阿得拉，我可以连续工作一小时。"

在一个不断被打断的世界里，随着工作需求的增加，阿得拉成为一个引人注目的价值主张。谁会拒绝提高认知能力？神经增强的支持者声称，阿得拉和类似的药物甚至可能是我们经济未来的关键。神经科技咨询公司 NeuroInsights 的扎克·林奇（Zack Lynch）在接受《纽约客》记者采访时表示："如果你生活在波士顿，已经 55 岁了，你现在要和一个 26 岁的孟买小伙竞争工作，那种（使用增强药物的）压力只会越来越大。"

但是阿得拉也有一些严重的副作用。它会让人上瘾，会显著提高血压。也许最重要的是，它似乎降低了联想思维的创造力。在尝试了一个星期的阿得拉之后，福尔对它的功效留下了深刻的印象，他不断地翻动着一页又一页的文字，密集阅读学术文章。但是，他写道："这就像是我在盲目地思考。""有了这种药，"一名研究人员写道，"我变得谨慎而保守。用一个朋友的话来说，我'在框框里'思考。"宾夕法尼亚大学（University of Pennsylvania）认知神经科学中心（Center for Cognitive Neuroscience）主任玛莎·法拉（Martha Farah）有更大的担忧："我有点担心，我们可能会培养出一代非常专注的会计师。"

就像许多精神药物一样，我们仍然不知道为什么阿得拉具有这些效用，甚至不能完全地知道它的效用是什么。但是这种药物的部分作用是通过提升神经递质去甲肾上腺素水平来实现的。去甲肾上腺素有一些非常特殊的作用，其中一方面是它降低了我们对新刺激的敏感性。多动症（ADHD）患者称之为"超聚焦"（hyperfocus）———一种恍惚的状态，专注于一件事，所有其他事情被排除在外。

在互联网上，个性化过滤器可以让你获得如阿得拉这样的药物给予的那种强烈的、狭隘的注意力。你如果喜欢瑜伽，就会得到更多关于瑜伽而不是关于观鸟或棒球的信息和新闻。

事实上，对完美相关性的追寻和促进创造力提升的发现力这两者正往相反的方向发展。"你如果喜欢这个，就会喜欢那个"可能是一个有用的工具，但它不是创造力的源泉。从定义上说，创造力来自把相去甚远的想法放在一起，而相关性来自寻找相似的想法。换句话说，个性化推荐可能正推动我们走向一个阿得拉社会，在这个社会中，超聚焦取代了常识和智慧。

个性化推荐可以从三个方面扼杀创造力，阻碍创新。首先，过滤泡人为地限制了我们的"解答视界"（solution horizon），即我们寻找问题解决方案的心理空间的大小。其次，过滤泡内部的信息环境往往缺乏激发创造力的一些关键特征。创造力是一种与环境相关的特质：我们在某些环境中比在其他环境中更容易想出新点子；过滤泡所创造的环境并不是最适合创造性思维的。最后，过滤泡鼓励一种更为被动的获取信息的方法，这与通向发现的那种探索不同。当你的门阶前严重拥堵时，你就没有理由出门旅行了。

阿瑟·凯斯特勒在他的开创性著作《创造力的行为》（*The Act of Creation*）一书中把创造力描述为"双社会"（bisociation），即两个思维"矩阵"（matrices）的交集："发现，是一个没有人见过的类比。"弗里德里克·凯库勒（Friedrich Kekule）在做了蛇自食其尾的白日梦后顿悟苯分子结构的故事就是一个例子。拉里·佩奇将学术引文的方法用于搜索（引擎）的想法也是如此。"发现，往往只意味着揭示一些一直存在的东西，但这些东西却被习惯的眼罩遮住了，"凯斯特勒写道，创造力"揭示、选择、重新洗牌、结合、综合已经存在的事实、想法、能力、（和）技能。"

虽然我们仍对大脑中不同的单词、想法和联想所在的具体位置知之甚少，但研究人员已经开始能够抽象地绘制大脑图谱了。他们知道，当你觉得一个词在舌尖上但就是想不起来时，其实确有其事。而且他们可以分辨出，即使不是在实际的大脑空间中而是在神经连接中，一些概念之间的距离也比其他概念之间要远得多。研究人员汉斯·艾森克（Hans Eysenck）已经发现证据可以证明人们在做这个大脑图谱测绘时的个体差异，即他们如何把概念联系在一起的个体差

个性化推荐可以从三个方面扼杀创造力：人为地限制我们的"解答视界"，过滤泡内部的信息环境往往缺乏激发创造力的一些关键特征，鼓励一种更为被动的获取信息的方法。

异，这是创造性思维的关键。

在艾森克的模型中，创造力就是寻找把一系列想法恰当地组合起来的方式。位于精神搜索空间中心的是与手头问题最直接相关的概念，并且当你向外移动时，你会得到更多的与之相关的想法。"解答视界"在我们停止搜索的地方出现。当我们被要求"跳出框框思考"时，框框代表了解决方案的视界，即我们所处的概念领域的极限。（当然，"解答视界"太宽也是个问题，因为更多的想法意味着呈指数级增多的组合。）

构建人工智能国际象棋大师的程序员们通过艰难的方式认识到了"解答视界"的重要性。早期的程序员训练计算机观察每一个可能的动作组合。这导致了可能性的大爆发，反过来意味着即使是非常强大的计算机也只能看到有限数量的向前棋步。只有程序员们发现了可以让计算机放弃一些棋步的启发式方法，它们才变得足够强大，能够打败国际象棋大师。换句话说，缩小"解答视界"才是关键。

在某种程度上，过滤泡是一个人工"解答视界"：它为你提供了一个与你正在处理的任何问题高度相关的信息环境。通常来说，这是非常有用的：当你搜索"餐厅"时，你很可能也对像"小酒馆"或"咖啡馆"之类的近义词感兴趣。但当你要解决的问题需要间接相关的思想进行双重关联（就像佩奇将学术引文的逻辑应用到网络搜索问题上）时，过滤泡可能会使你的视野变得过于狭窄。

更重要的是，一些相当重要的创新突破是为完全随机的想法所推动的，而这些随机的想法是被过滤泡排除在外的。

"Serendipity"（意外发现）这个词来源于童话故事"锡兰（Serendip）的三位王子"，他们不断出发寻找一样东西，但最终却找到另一样东西。在研究人员所说的创新的进化观点中，这种随机的机会并不只是偶然的，而是必要的。创新需要意外发现。

自 20 世纪 60 年代以来，包括唐纳德·坎贝尔（Donald Campbell）和迪安·西蒙顿（Dean Simonton）在内的一组研究人员就一直在追求这样一种想法：在文化层面上，开发新想法的过程看起来很像开发新物种的过程。

进化过程可以归纳为"盲目变异，选择性保留"。盲目变异是指突变和意外改变遗传密码的过程，它是盲目的，因为它是混乱的，它不知道它将变异成什么样子。它的背后没有任何意图，特别是它的目标也是随机的，它只是基因的随机重组。选择性保留是指盲目变异的一些结果，即一些后代被"保留"而另一些后代则消亡的过程。有观点认为，当问题对足够多的人来说变得足够严重时，数百万人头脑中各种想法的随机重组往往会产生解决方案。事实上，它会在同一时间在不同的头脑中产生相同的解决方案。

我们有选择地把想法结合起来的方式并不总是盲目的。正如艾森克的"解答视界"理论所指出的，我们不会试图通过把我们头脑中的每一个想法与其他想法相结合来解决我们的问题。但说到真正的新创意，实际上创新往往是盲目的。阿哈龙·坎托罗维奇（Aharon Kantorovich）和尤瓦尔·尼曼（Yuval Ne'eman）是两位科学历史学家，他们的研究重点是范式转换，比如从牛顿物理学到爱因斯坦物理学的范式转换。他们认为"常规科学"（normal science）即日常实验和预测的过程，并不能从盲目变异中获益，因为科学家们倾向于抛弃随机组合和奇怪的数据。

但是在出现重大变化的时刻，当我们看待世界的整体方式发生变化和重新校准时，"意外发现"往往在起作用。"盲目发现是科学革命的一个必要条件。"他们写道。原因很简单：世界上那些爱因斯坦、哥白尼和巴斯德们经常不知道他们在寻找什么。最大的突破有时候是我们最不期待的那些突破。

当然，过滤泡仍然提供了一些意外发现的机会。你如果对足球和当地政治感兴趣，就可能会看到一则关于如何赢得市长竞选的报道。但总的来说，周围环境中随机的想法会越来越少——这是问题的一部分。对于像私人过滤器这样的量化系统来说，几乎不可能把有用的意外发现的和随机挑衅的东西从毫不相干的东西中挑出来。

过滤泡抑制创造力的第二种方式是，消除一些能够促使我们以新颖和创新的方式进行思考的多样性。在卡尔·邓克（Karl Duncker）1945年开发的一项标准创造力测试中，研究人员给受试者一盒图钉、一支蜡烛和一包火柴。受试者的任务是让蜡烛附着在墙上，这样当蜡烛点燃的时候，蜡油就不会滴到下面的桌子上（或者点燃墙壁）。一般来说，人们会把蜡烛钉在墙上，或者通过熔化的蜡油来把它粘在墙上，或者用蜡和钉子在墙上建造复杂的结构。其实解决方法（剧透提醒！）非常简单：用图钉将图钉盒从里面钉到墙上，然后把蜡烛放在盒子里。

邓克的测试提出了创造力的一个关键障碍，早期的创造力研究者乔治·卡托纳（George Katona）将其描述为不愿意"打破知觉限定"（break perceptual set）。当一个装满了图钉的盒子递给你时，你会倾向于将这个盒子本身视为一个容器。而若要将盒子视为一个平台，则需要一个概念上的飞跃，但即使是测试中的一个小改变，也会让这更有可能实现：如果受试者分开收到图钉和盒子，他们往往会更快地找到这个解决方案。

将"装有图钉的东西"映射到图式"容器"的过程称为编码（coding），创造性构建蜡烛平台的人能够以多种方式对物体和想法进行编码。当然，编码是非常有用的，它告诉你可以如何处理物体。你一旦确定某样东西适合"椅子"图式，就不必反复考虑是否要坐在上面了。但是当编码的范围太窄时，它就会妨碍创造力。

在各种各样的研究中，有创造力的人倾向于以多种不同的方式看待事物，并将它们归入研究者阿瑟·克罗普利（Arthur Cropley）所称的"宽泛分类"（wide categories）中。在 1974 年的一项研究中，参与者被要求将相似的物体分成不同的组别，这项研究的记录为这个不一般的分类要求提供了一个有趣的例子："受测者 30 号是一个作家，对总共 40 个物体进行了排序……作为对'糖果雪茄'的回应，他把烟斗、火柴、雪茄、苹果和方糖放在了一堆，解释说这些都与消费有关。听见'苹果'，他只对带钉的木块进行了分类并解释说，苹果代表着健康和活力（或阴），而木块代表着有钉子的棺材或死亡（或阳）。其余的分类采取了类似的逻辑。"①

不仅仅是艺术家和作家们使用了"宽泛分类"的方法。正如克罗普利

———————————————

① 该案例实际出自 1975 年安德森和鲍尔斯的论文《创造力和精神病：概念风格的检验》[Andreasen N J，Powers P S. Creativity and psychosis：an examination of conceptual style. Archives of general psychiatry，1975，32（1）：70-73.]。——译者注

在《教育和学习中的创造力》（*Creativity in Education and Learning*）一书中所指出的那样，1905 年，物理学家尼尔斯·玻尔（Niels Bohr）在哥本哈根大学的一次考试中展示了这种富有创造力的灵活性。考试中有一个问题要求学生解释他们如何使用气压计（测量气压的仪器）来测量建筑物的高度。玻尔清楚地知道老师想考察的是什么：学生们应该检查建筑物顶部和底部的气压，并做一些数学运算从而得出结论。但是相反，他提出了一种更新颖的方法：把一根绳子系在气压计上，把它放低直到建筑物的底部并测量绳子的长度。玻尔把气压计这个工具定义为"有重量的东西"。

那位老师很不高兴，给了他一个不及格的分数，毕竟，他的答案并没有展示出他对物理学有多少了解。玻尔提出申诉，这次他提供了四种解决方案：你可以把气压计从建筑物上扔下，并计算它花了多少秒落地（这个方法使用了气压计的"质量"属性）；你可以测量气压计的长度和它的阴影，然后测量建筑物的阴影，计算它的高度（这个方法使用了气压计作为物体的"长度"属性）；你可以把气压计绑在一根绳子上，在地面和建筑物的顶部摆动它，以确定重力的不同（这个方法还是使用了气压计的"质量"属性）；你可以用它来计算气压。玻尔最终通过了考试，这个故事有一个寓意是很清楚的：避开自作聪明的物理学家们。但这段插曲也解释了为什么玻尔是如此杰出的创新者：因为他有能力以多种不同的方式看待物体和概念，这让他更容易利用它们来解决问题。

这种支持创造力的分类开放（categorical openness）也与某种运气有关。虽然科学研究还没有发现宇宙偏爱的是哪些人（让人们猜一个随机的数字，我们几乎都同样不擅长），但是有这么一些特征，有些人认为自己幸运地分享了这些特征。他们更乐于接受新的经历和新的人。他们也更加具有发散思维。

理查德·怀斯曼（Richard Wiseman）是英国赫特福德郡大学一名研究"幸运"的研究员，他让一组自认是幸运儿的受试者和一组自认是倒霉蛋的受试者翻阅一份修改过的报纸来数一数里面的照片。在报纸的第二页写着一个大标题："停止计算——这里有 43 幅图片。"另一页写着给那些注意到它的读者提供 150 英镑。怀斯曼描述了研究的结果："在大多数情况下，认为自己不幸的人只会跳过这些东西。认为自己幸运的人会翻过去笑着说：'有 43 张照片，这份报纸说的。你想要我费心数吗？"我们会说：'是的，请继续。'他们翻过更多的报纸页面并会反过来问："我能得到 150 英镑吗？'而大多数认为自己不幸的人则没有注意到这些。"

101

事实证明，与不同于自己的人和想法相处是培养这种开放性和广泛性的最佳方式之一。心理学家查兰·内梅特（Charlan Nemeth）和朱莉安娜·关（Julianne Kwan）发现，双语者比单语者更富有创造力，也许是因为他们必须习惯于用不同的方式看待事物。即使在 45 分钟时间里接触不同的文化也能激发创造力：当一组美国学生被展示一个关于中国的幻灯片而不是一个关于美国的幻灯片时，他们在好几个创造力测试上的分数上升了。在公司里，与多个不同部门打交道的人往往比那些只与自己的部门打交道的人更具有创新能力。虽然没有人确切知道造成这种影响的原因，但很可能是外部的想法帮助我们打破了我们的分类。

但过滤泡并非针对不同的想法或不同的人而设计的。它不是被设计成向我们介绍新的文化的。因此，生活在过滤泡中，我们可能会错过与相异的人或物接触所带来的心理灵活性和开放性。

然而，也许最大的问题在于个性化的网络鼓励我们首先在"发现模式"上花更少的时间。

发现的时代

在《伟大创意的诞生》（*Where Good Ideas Come From*）一书中，科学作家史蒂文·约翰逊（Steven Johnson）梳理了"创新的自然史"（natural history of innovation）。在这本书中，他对创造力的产生方式进行了细致入微的阐述。创造性的环境通常依赖于"液态网络"（liquid networks），不同的想法会在不同的配置中相互碰撞。它们是通过意外机会实现的。我们出发寻找一个问题的答案，最终却找到另一个答案。结果就是，新的想法经常出现在那些更容易发生随机碰撞的地方。他写道："创新的环境更有利于帮助

102

它们的居民探索相邻的可能"——现有的想法结合在一起产生新想法的双社会区域（bisociated area）——"因为它们呈现了广泛而多样的零件样本，机械的或概念的，并且它们鼓励用新的方法重新组合这些零件。"

他的书中充满了关于这些环境的例子，从原生浆液到珊瑚礁，再到高科技办公室，但约翰逊不断回归到两个方面：城市和网络。

"由于复杂的历史原因，"他写道，"它们都是非常适合创造、传播和采纳好创意的环境。"

毫无疑问，约翰逊是对的：旧的、非个性化的网络提供了一个无与伦比的丰富和多样化的环境。"访问维基百科上关于'意外发现'的文章，"他写道，"你只需点击一下，就能看到 LSD、特氟隆、帕金森症、斯里兰卡、艾萨克·牛顿（Isaac Newton）以及大约 200 个具有类似多样性的其他话题。"

但是，过滤泡已经极大地改变了信息物理学，后者决定了我们接触哪些思想。新的、个性化的网络可能不再像以前那样适合创造性的发现。

在万维网的早期发展阶段，当雅虎在互联网中仍占统治地位时，互联网看起来就像一片未经测绘的大陆，用户们将自己视为这片大陆的发现者和探索者。雅虎就像是村里的小酒馆，在那里，水手们聚集在一起交流他们在海上发现了什么奇怪的野兽和遥远大陆的故事。"从探索和发现到今天基于意图的搜索的转变是不可想象的。"早期的雅虎编辑告诉调查记者约翰·巴特尔（John Battelle），"现在，我们上网并期待我们想要的一切都在那里。这是一个重大转变。"

从面向发现的网络到面向搜索和检索的网络，这一转变反映了围绕创造力开展的研究的另一面。大多数研究创造力的专家同意，这是一个至少包含两个关键部分的过程：创造新奇的事物需要许多不同的生成性思维，即凯斯特勒所描述的重新洗牌和重新组合。然后，在我们调查适合这种情况的选项时会有一个筛选的过程，即聚合思维。意外发现的网络特性（人们可以在维基百科上跳读文章）得到约翰逊称赞，原因在于其筛选过程由不同部分组成。

但是，过滤泡的增加意味着这个过程中融合的、合成的部分越来越多。

巴特尔将谷歌称作一个"意图的数据库",每个查询请求代表着某人想要做、想要知道或想要购买的东西。在许多方面,谷歌的核心任务就是把这些意图转化为行动。但是谷歌在这方面做得越好,它在提供意外发现方面做得就越糟糕,毕竟,这种意外发现是一种在无意中被绊倒的过程。谷歌很擅长帮助我们找到我们有意识想要的东西,但并不善于帮我们寻找我们没意识到的渴望。

在某种程度上,大量的可用信息可以减轻这种影响。即使与最大的图书馆相比,网络上可供我们选择的在线内容也多得多。对于一位富有进取心的信息探险家来说,这里有无穷无尽的地形地貌可以供他去探索。但是个性化服务的代价之一就是我们在这个过程中变得更被动了。它工作得越好,我们要做的探索就越少。

早期超级计算远见者、耶鲁大学教授戴维·格莱特(David Gelernter)相信,只有当计算机能够与完美的逻辑相结合时,它们才能很好地为我们服务。"这个网络世纪最困难、最吸引人的问题之一是如何在网络上添加'流动性'(drift),"他写道,"这样的话,(当你感到疲倦时,随着你的思想飘忽不定)你的观点有时会飘到你从没打算去的地方。与机器接触会使原来的话题恢复原状。有时候,我们需要克服理性,允许我们的思想像在睡眠中那样游荡和变形。"要真正有所帮助,算法可能需要更像它们应该服务的思维模糊、非线性的人类那样工作。

在加州岛上

1510 年,西班牙作家加西·罗德里格斯·德·蒙塔尔沃(Garci Rodriguez de Montalvo)出版了一部类似于《奥德赛》(*Odyssey*)的传奇历险小说《西班牙人的剥削》(*The Exploits of Esplandian*),书中描述了一个叫作"加利福尼亚"的巨大岛屿:

> 在印度群岛的右边有一个岛叫作加利福尼亚,这个岛近乎天堂。那里住着黑人妇女,没有男人,因为她们以亚马孙人的方式生存着。

她们有美丽而健壮的身体，她们非常勇敢而强壮。她们的岛屿是世界上最坚固的岛屿，有着悬崖和岩石海岸。她们的武器是金色的，她们惯于驯养和骑乘的野兽的挽具也是金色的，因为岛上除了黄金没有其他金属。

关于黄金的传说助推加利福尼亚岛的传奇传遍欧洲，促使整个欧洲大陆的冒险家们都出发去寻找它。领导美洲殖民统治的西班牙征服者赫尔南·科尔特斯（Hernán Cortés）向西班牙国王索求资金，希望在全球范围内开展寻宝活动。1536 年，当他登上在我们现在所知的下加利福尼亚（Baja California）时，他确信他找到了那个地方。直到他的一个领航员弗朗西斯科·德·乌洛亚（Francisco de Ulloa）沿着加利福尼亚湾来到科罗拉多河的河口，他才清楚地知道，无论这里有没有黄金，他都没有找到那个神秘的岛屿。

然而尽管这样，认为加利福尼亚是一个岛屿的想法仍然持续了几个世纪。其他探险家在温哥华附近发现了普吉特海峡，并确信它一定与下加利福尼亚相连。17 世纪的荷兰地图通常都会显示，美洲海岸上有一块长而大的碎片，其长度相当于这块大陆的一半。直到耶稣会传教士按照地图向内陆行进却从未到达彼岸，这个传说才被完全否定。

这可能是出于一个简单的原因：地图上没有"不知道"这样的标志，因此，人们对地理猜测和亲眼看见的景象之间的区别变得模糊起来。加利福尼亚岛是历史上最主要的地图错误之一，它提醒我们，伤害我们的不是我们不知道的东西，而是我们不知道我们不知道，这就是美国前国防部部长唐纳德·拉姆斯菲尔德（Donald Rumsfeld）所谓"未知的未知"的著名论断。

这是个性化过滤器干扰我们正确理解世界的另一种方式：它们改变了我们对地图的感觉。更令人不安的是，它们经常删除其空白点，把已知的未知变成未知的未知。

非个性化的传统媒体往往提供关于报道代表性的承诺。除非这份报纸在某种程度上代表了当天的新闻，否则报纸编辑就没有做好他的工作。这是一种将未知的未知转化为已知的未知的方法。你如果翻阅报纸，浏览一些文章并跳过其中的大部分文章，那么至少知道有一些报道，也许是整个章节，是你已经跳过的。你即使没有读过这篇文章，也会注意到文章标题是关于巴基斯坦的洪灾的，或者可能只是被提醒，嗯，有一个巴基斯坦。

> 伤害我们的不是我们不知道的东西，而是我们不知道我们不知道，这是个性化过滤器干扰我们正确理解世界的另一种方式。更令人不安的是，它们经常删除其空白点，把已知的未知变成未知的未知。

　　在过滤泡中，情况看起来不一样。你根本看不到你不感兴趣的东西。你甚至没有意识到你错过了一些重大事件和想法。你如果不了解这些信息所处的大环境是怎样的，就无法从你所看到的链接中评估这些信息的代表性。正如任何统计学家都会告诉你的那样，你无法仅从样本本身就判断样本的偏差程度：你需要一些东西来与它做比较。

　　作为最后一招，你可以看看你的选择，问问自己，它是否像一个有代表性的样本。有相互矛盾的观点吗？有不同的观点吗？不同的人有不同的反应吗？然而，即使这是一条死胡同，因为有了整个互联网这么多的信息，你也会得到一种不规则碎片的多样性：在任何层面上，甚至在一个非常窄的信息范围内（比如信仰无神论、喜欢哥特式打扮的玩保龄球一族），都有很多不同的声音和不同的观点。

　　我们永远无法同时体验整个世界，但最好的信息工具能让我们了解自己所处的位置。理论上看，该工具在图书馆里，形象地说，在报纸头版上。这是中央情报局在尤里·诺森科案里犯的主要错误之一。该机构收集了一组关于诺森科的专门信息，但没有意识到它们有多专业，因此尽管有许多优秀的分析人士多年来一直在研究这个案子，但它忽略了从这名男子的整体形象中可以明显看出的那一点。

　　因为个性化的过滤器通常没有拉远镜头的功能，所以你很容易迷失方向，认为世界是一个狭窄的岛屿，而实际上它是一个巨大的、多变的大陆。

第四章 | "你"的循环

最为人类的行为往往是最不可预测的。

算法归纳会导致一种信息决定论，在这种决定论中，我们过去的点击流完全决定了我们的未来。换句话说，我们如果不删除我们的网页历史，就可能注定要重复它们。

组成过滤泡的统计模型将异常值消去了。但在人类生活中，正是那些局外事物使事情变得有趣并给我们灵感。而这些异常值是变化的第一个信号。

109

　　我相信，这是对个人电脑本质的追求——为了捕捉一个人的
一生。

——戈登·贝尔（Gordon Bell）

　　"**你**只有一个身份，"脸书的创始人马克·扎克伯格在记者戴维·
柯克帕特里克（David Kirkpatrick）的《脸书效应》（*The Fa-
cebook Effect*）一书中告诉他，"你的工作伙伴、你的同事以及你认识的其他
人对你有不同印象的日子，很可能很快就要结束了……拥有两个身份是缺
乏诚信的表现。"

　　就在这本书出版的一年后，26 岁的扎克伯格和柯克帕特里克以及美国
全国公共广播电台（NPR）记者盖伊·拉兹（Guy Raz）在加州山景城的计
算机历史博物馆里登上舞台。"在戴维的书中，"拉兹说，"你说人们应该只
有一个身份……但其实我与家人相处的行为方式和我与同事相处的方式是
不同的。"

　　扎克伯格耸耸肩："不，我想那只是我说过的一句话。"

110

　　拉兹继续问道："现在的你和跟朋友在一起的你，是同样的表现吗？"

　　"嗯，是的，"扎克伯格说，"同样尴尬的我。"

　　如果马克·扎克伯格是一个标准的 25 岁左右的青年人，那么这种观点
的纠结可能是意料之中的：我们中的大多数人不会花太多时间从哲学的角
度思考身份的本质。但扎克伯格控制着世界上最强大、最广泛使用的技术，
这个技术用来管理和表达我们自己。他对这个问题的看法正是他对公司和
互联网愿景的核心。

　　脸书首席运营官谢里尔·桑德伯格在纽约广告周的一次活动上发表讲

话预计，互联网将迅速发生变化。"人们不想要针对整个世界的东西，他们想要的东西是能够反映他们想要看到什么和想要了解什么的。"她说，并暗示着在未来的三到五年内这将成为常态。脸书的目标是成为这一过程的中心，通过脸书这一独特平台，所有其他服务和网站可以整合你的个人和社交数据。你只有一个身份，那就是你的脸书身份，它会为你每一个经历增添光彩。

很难想象，与早期阶段相比，互联网会有更戏剧性的变化，在那时，身份的隐秘性构成了吸引力的一部分。在聊天室和在线论坛上，你的性别、种族、年龄和所在位置由你说了算，这些网络空间里的用户乐于享受这一媒介带来的重生。电子前沿基金会的创始人约翰·佩里·巴洛（John Perry Barlow）梦想着"创造一个没有种族、经济实力、军事力量或出生地所赋予的特权或偏见的世界"。这给任何想要越界、探索、尝试不同角色的人带来了自由，看起来极具革命性。

然而，随着法律和商业逐渐跟上科技发展的步伐，匿名上网的空间正在萎缩。你不能让一个匿名的人对他的行为负责：匿名的客户犯了欺诈罪，匿名的评论者发动了"火爆论战"（flame wars），匿名的黑客制造了麻烦。要建立社会和资本主义所赖以建立的信任，你需要知道你在与谁打交道。

因此，数十家公司正致力于网络的去匿名化（de-anonymizing）。由RateMyProfessors.com创始人创建的PeekYou网络人员搜索引擎公司正在申请一些专利，这些专利有助于把以虚假名字完成的在线活动与相关人员的真实姓名联系起来。另一家公司Phorm帮助互联网服务提供商使用一种叫作"深度数据包检查"（deep packet inspection）的方法来分析它们服务器上的流量。Phorm旨在建立近乎全面的每个客户的概况，用于广告和个性化服务。如果互联网服务提供商仍心怀顾虑，BlueCava正在为世界上的每一台电脑、智能手机和在线设备建立一个数据库，这个数据库可以与使用它们的个人联系起来。换句话说，即使你在网页浏览器中使用最高级别的隐私设置，你的硬件也可能很快会泄露你的信息。

这些技术的发展为一种比我们迄今所经历的任何事情都更加持久的个

性化服务铺平了道路。这也意味着，我们将日益被迫信任处于这一过程中心的公司，以便恰当地表达和综合展示我们的真实身份。当你在酒吧或公园遇到某人时，你会观察他们的行为举止，并据此形成印象。脸书和其他身份识别服务旨在在互联网上充当好这一中介角色。如果它们做得不对，事情就会变得模糊和扭曲。要使个性化服务运作良好，你必须对什么能代表一个人有正确的认识。

身份和个性化服务之间的相互作用还有另一种紧张关系。大多数个性化过滤器基于三步走的模型。首先，你要弄清楚人们是谁，以及他们喜欢什么。其次，你要向他们提供最适合他们的内容和服务。最后，你要努力调整使得这种匹配恰如其分。你的身份塑造了你的媒体。这种逻辑只有一个缺陷：媒体也塑造了身份。因此，这些服务最终可能会通过改变"你"以使你和你的媒体之间实现良好契合。如果自我实现的预言是对世界的一种错误定义，而这种错误的定义通过一个人的行为变成了现实，那么我们现在就处于自我实现的边缘，在这种自我实现中，互联网扭曲了我们的形象，将其作为我们的真正形象。

个性化过滤甚至会影响你选择自己命运的能力。信息法律理论家尤查·本科勒在被大量引用的《警笛和阿米什儿童》（Of Sirens and Amish Children）一文中，描述了更多样化的信息来源是如何让我们更自由的。本科勒指出，自治是一个棘手的概念：要想获得自由，你不仅要能够做你想做的事，还要能知道什么是有可能做的事情。标题中的"阿米什儿童"是著名的威斯康星州诉尤德案（Wisconsin v. Yoder）的原告，他们的父母试图阻止他们上公立学校，以免他们接触现代生活。本科勒认为，这对孩子们的自由构成了真正的威胁：不知道成为宇航员是可能的，就如同知道可以成为却被禁止成为宇航员一样。

当然，选择太多和选择太少一样也存在问题，你会发现自己被太多的选择压垮了，或者因为选择的悖论而畏首畏尾。但最基本的一点仍然是，过滤泡不仅仅反映了你的身份，它也展示了你有什么选择。在常春藤盟校就读的学生看到的是针对他们的招聘广告，而州立大学的学生却从来都不知道这些职位。专业科学家的个人信息可能包含一些业余爱好者从来都不知道的关于比赛的文章。通过展示一些可能性并排除其他可能性，过滤泡帮助你做决定。反过来，它也决定了你成为什么样的人。

关于"你"的不良理论

个性化过滤塑造身份的方式正一如既往地变得清晰，特别是因为我们大多数人仍然花费更多的时间来消费传统媒体而不是个性化的内容流。但是通过观察主要过滤器如何看待身份，预测这些变化可能会是什么样子的就变得有可能了。个性化过滤需要一种关于什么塑造了人、什么样的数据对确定一个人是谁最重要的理论，而互联网行业中的主要玩家在处理这个问题的方式上有很大的不同。

例如，谷歌的过滤系统严重依赖网页历史记录和你点击的内容（点击信号）来推断你的喜恶。这些点击通常发生在完全私密的环境中：前提假设是对"肠气"和名人八卦网站的搜索仅发生在你和你的浏览器之间。但是你如果认为别人会看到你的搜索结果，就可能会有不同的表现。但正是这种行为决定了你在谷歌新闻中看到的内容以及谷歌展示的广告，换句话说，这决定了谷歌关于"你"的理论。

脸书个性化服务的基础完全不同。毫无疑问，脸书会追踪点击量，但它主要通过查看你分享的内容和互动的对象来思考你的身份。这与谷歌提供的数据截然不同：我们点击的内容中有很多趣味低级的、虚荣和令人尴尬的东西，我们不愿在状态更新中与所有的朋友分享这些内容。反之亦然。我不得不承认，有时我会分享一些我几乎没读过的链接，比如关于海地重建的长篇调查文章、大胆的政治标题，因为我喜欢它们让我在别人眼中形成的形象。换句话说，谷歌里呈现的"我"和脸书里呈现的"我"是非常不同的人。"你点击什么，你就是什么"和"你分享什么，你就是什么"之间有很大的区别。

> 谷歌里呈现的"我"和脸书里呈现的"我"是非常不同的人。"你点击什么，你就是什么"和"你分享什么，你就是什么"之间有很大的区别。

两种思维方式都各有优缺点。有了谷歌的基于点击的自我，还没有向父母表态的同性恋青少年仍然可以获取个性化的谷歌新闻，这些新闻可以让其从更广泛的同性恋群体中获取信息并肯定自己并不孤单。但同样的道理，一个建立在点击上的自我会更倾向于把我们引向我们已经倾向于看到的东西——我们最巴甫洛夫式的自我。你在 TMZ 名人八卦网上读到的一篇文章已经存档，下次你再看新闻的时候，布拉德·皮特（Brad Pitt）的婚姻剧更有可能出现在屏幕上（如果谷歌没有持续淡化色情内容，那么问题大概会严重得多）。

脸书基于分享的自我则更有雄心抱负：脸书更重视你说的话，呈现出你想让别人看到的样子。你的脸书自我更像是一种表演，而不是一个行为主义的黑盒子，并且最终它可能比谷歌轨道上的一束信号更贴近社会。但脸书的做法也有其不利之处，在某种程度上，脸书利用的是更公开的自我，它必然没有更多的私人利益和担忧空间。在脸书上，同样一个不公开性取向的同性恋青少年的信息环境可能会与真实自我产生更大的差异。脸书上的肖像画仍然是不完整的。

两者都是对"我们是谁"的很糟糕的表现，部分是因为没有一组数据可以描述我们是谁。"关于我们的财产、职业、购买、财务状况和病史的信息并不能说明一切，"隐私专家丹尼尔·索罗夫（Daniel Solove）写道，"我们不仅仅是我们在生活中生产出来的数据。"

数字动画师和机器人工程师经常遇到一个被称为"恐怖谷"（uncanny valley）的问题。"恐怖谷"是指一个地方，它里面有一些东西非常生动逼真，但却不能令人信服地认为它是活物，让人感到毛骨悚然。这也部分解释了为什么真实人物的数字动画还未成气候。当一个图像看起来近乎真人但又不完全是真人的时候，它在基本的心理层面上是令人不安的。我们现在处于个性化服务的"恐怖谷"中。在我们的社交媒体中反映出来的分身自我很像我们自己，但实际上并不是我们自己。然后我们会看到，在数据和现实之间有一些重要的东西被忽略了。

首先，扎克伯格关于我们只有一个身份的说法是不正确的。心理学家给这种谬误起了个名字,叫作"基本归因错误"(fundamental attribution error)。我们倾向于把人们的行为归因于他们的内在品质和个性,而不是他们所处的情境。即使在情境起着明显重要作用的情况下,我们也很难将一个人的行为方式和她是谁(who she is)这两者区分开来。

而且,我们的特性在很大程度上是易变的。在工作中咄咄逼人的人可能在家里很温顺。快乐时合群的人在压力下可能会变得内向。甚至我们一些非常隐秘的特征,比如我们不愿伤害他人,也可以通过情境来塑造。20世纪60年代,耶鲁大学具有开创性影响的心理学家斯坦利·米尔格拉姆(Stanley Milgram)的一项经常被引用的实验证明了这一点。当时,穿着实验服的主试点头示意后,体面的普通市民们服从指示对其他被试实施了电击。

我们这样做是有原因的。在我们与家人共进晚餐时对我们有益的性格特质,可能会在我们与火车上的乘客发生争执时或试图在工作中完成一份报告时对我们有所妨碍。如果我们总是以完全相同的方式行事,自我的可塑性将允许不可能的或无法忍受的社会环境的存在。广告主很早之前就明白这一现象了。用行话来说,这就是所谓的"日间分离"(day-parting),而且这就是你早上开车上班时不会听到很多啤酒广告的原因。人们在早上8点和晚上8点有不同的需求和愿望。出于同样的原因,夜生活区内的广告牌推销的产品与同一批人归家所往的住宅区的广告牌是不一样的。

在扎克伯格的脸书主页上,"透明性"在他的"点赞"名单中位居前列。但是,完美的透明性有一个缺点:隐私最重要的用途之一是管理和维护我们不同的自我之间的分离和区别。只有一个身份的话,你就失去了能实现更好的个性化契合的细微差别。

个性化服务并不能在你的工作自我和你的游戏自我之间取得平衡,并且它还会扰乱你的抱负自我和你当前的自我之间的紧张关系。我们的行为是我们的未来和当下自我之间的平衡。在未来,我们想要变得健康,但在现在,我们想要糖果棒。在未来,我们想成为一个全面发展、见多识广的大师,但现在我们想看《泽西玩咖日记》(Jersey Shore)。行为经济学家称之为"现时偏向"（present bias），即你对未来自我的偏好与当下此刻的偏好之间的差距。

这个现象解释了为什么在你的网飞队列上有那么多电影。当哈佛大学和分析研究所（the Analyst Institute）的研究人员研究人们的电影出租模式时，他们看到人们的未来抱负与他们当前的愿望背道而驰。"应该看的"电影（"should" movie）如《难以忽视的真相》（*An Inconvenient Truth*）或《辛德勒的名单》（*Schindler's List*）经常被列入观看队列里，而观众去追捧"想要看的"电影（"want" movie）如《西雅图夜未眠》（*Sleepless in Seattle*）时，"应该看的"影片却被冷落了。当他们不得不选择三部电影时，他们就不太可能选择"应该看的"电影了。显然总有一些电影我们会一直留到明天再看。

在最好的情况下，媒体有助于减轻"现时偏向"，将"应该阅读的"报道与"想要阅读的"报道结合起来，鼓励我们深入挖掘难于理解但颇有益处的复杂问题。但过滤泡的作用却恰恰相反：因为正是我们当下的自我在进行所有的点击行为，它所反映的这些偏好必然更偏向于"想要"而非"应该"。

"单一身份"问题并不是一个根本性的缺陷。这更像是一个程序错误：因为扎克伯格认为你只有一个身份而你并非如此，脸书在个性化过滤你的信息环境方面会做得更糟糕。正如约翰·巴特尔告诉我的那样，"我们如此远离人类存在意义的细微差别，而后者反映在技术的细微差别上"。给到足够多的数据和程序员，情境问题是可以得到解决的。根据个性化算法工程师乔纳森·麦菲的说法，谷歌正在着手解决这个问题。我们已经看到钟摆从早期互联网的匿名特性摆到了目前流行的"单一身份"观点，而未来可能看起来像介于两者之间的某种东西。

但是，"单一身份"问题表明了将你最私人的信息交给那些对身份有偏见看法的公司的危险之一。保持独立的身份空间是一种仪式，它帮助我们处理不同角色和社区的需求。当最终你的过滤泡里的所有东西看起来都差不多的时候，你就失去了一些东西。你的酒神式自我会在工作中敲门；晚上外出时，你的工作焦虑困扰着你。

而且，当我们意识到我们所做的每一件事都进入了一个永久的、普遍存在的在线记录时，另一个问题就出现了：我们所做的事情会影响我们所看到的东西以及公司对我们的看法，而且会产生一种"寒蝉效应"（chilling effect）。遗传隐私专家马克·罗思坦（Mark Rothstein）发现，由于遗传数据监管不严，愿意接受遗传基因检测的人数减少了。如果你拥有与帕金森病相关的基因就会受到歧视或被拒绝参保，那么跳过测试和回避这种"毒性资料"是必然结果。

同样，当我们的在线行为被记录下来，并添加到公司用来做决定的记录中时，我们可能会决定在上网时更加谨慎。我们如果知道（甚至怀疑）购买《修正你的信用评分的101种方法》（*101 Ways to Fix Your Credit Score*）的人往往会得到额度较低的信用卡，就会避免购买这本书。"如果我们认为我们的言行都是公开的，"法学教授查尔斯·弗里德（Charles Fried）写道，"对反对意见或更有形的报复的恐惧可能会使我们无法做或无法说一些我们想做或说的事情。只有这样，我们才能确保我们这些言行只有我们自己知道。"正如谷歌专家锡瓦·瓦德亚纳森所指出的那样，"F. 斯科特·菲茨杰拉德（F. Scott Fitzgerald）笔下神秘莫测的杰伊·盖茨比（Jay Gatsby）在今天是不可能存在的。杰伊·盖茨比的数字鬼魂会跟着他，如影随形"。

从理论上讲，单一身份、语境模糊的问题并非没有解决的可能性。毫无疑问，个性化者在感知环境方面会做得更好。他们甚至可以更好地平衡长期利益和短期利益。但当他们这样做的时候，当他们能够准确地判断你的心理活动时，事情就变得更奇怪了。

瞄准你的弱点

如今，过滤泡的逻辑仍然相当初级：购买《钢铁侠》（*Iron Man*）DVD的人可能会购买《钢铁侠2》（*Iron Man* Ⅱ），喜欢烹饪书的人可能会对烹饪器具感兴趣。但对于斯坦福大学博士生、脸书顾问迪安·埃克尔斯（Dean

Eckles）来说，这些简单的建议仅仅是个开始。埃克尔斯感兴趣的是手段，而不是目的。他并不关心你喜欢什么类型的产品，他关心的是哪些类型的观点可能会导致你选择其中一种产品而不是另一种产品。

埃克尔斯注意到，在购买产品时，比如数码相机，不同的人对不同的宣传语有不同的反应。专家或产品评论网站将为照相机提供担保，这样的事实会使一些人感到安心。另一些人则更喜欢最受欢迎的产品，或是省钱的交易，或是他们知道并信任的品牌。有些人喜欢被埃克尔斯称为"高认知"的观点，即需要一些思考才能得到的、聪明的、微妙的观点。另一些人则对从天而降的简单信息反应更强烈。

并且，虽然我们大多数人有自己喜欢的辩论和验证风格，但也有一些类型的论点让我们感到厌烦。有些人仓促成交，另一些人则认为，这笔交易意味着商品的质量是平均水平以下的。埃克尔斯发现，只要消除那些让人感到不舒服的说服方式，他就能将营销材料的有效性提高三到四成。

虽然很难在产品中实现"类别跳跃"（jump categories），你喜欢的衣服和你喜欢的书只有一点点关系，但是，"说服特征分析"（persuasion profiling）的理论表明，你所回应的那些观点是可以在不同领域之间高度转移的。如果一个人对百慕大旅行的"如果你现在购买的话，可以享20%的折扣"的优惠信息有所回应，那么他比对此优惠信息没有反应的人更有可能对类似的交易（比如一台新笔记本电脑的折扣信息）有所反应。

如果埃克尔斯判断正确（并且目前为止的研究似乎验证了他的理论），那么对你的"说服特征分析"将会有相当大的经济价值。知道如何在特定领域向你推销产品是一回事，能够在任何地方提高命中率是另一回事。像亚马逊这样的公司一旦通过提供不同类型的交易来了解你的个人信息，并且看到你的回应是什么，就没有理由不把这些信息卖给其他公司（这个领域太新了，尚不清楚说服风格与人口统计学特征之间是否存在相关性，但显然这也可能是一条捷径）。

埃克尔斯相信，"说服特征分析"可以带来很多好处。他提到，飞利浦（Philips）开发的可穿戴训练装置DirectLife可以找出哪些观点能说服人们吃得更健康，锻炼得更有规律。但是他告诉我，他也被一些可能性困扰。知道哪些信息会吸引特定的人有所回应，你就有能力在个人层面的基础上操纵他们。

有了"情感分析"的新方法，现在就可以猜测一个人的心情了。人们在情绪高涨的时候会使用更多积极的词语；对你的短信、脸书帖子和电子邮件进行足够的分析，就可以区分好日子和坏日子，区分清醒的信息和醉酒的信息（首先是大量的拼写错误）。最好的情况是，这可以用来提供适合你心情的内容：不久的将来，在一个糟糕的日子里，潘多拉可能在你到达之前就为你提前下载好了九寸钉乐队的《非常讨人厌的机器》（*Pretty Hate Machine*）这张专辑。但它同样可以利用你的心理状态来做的事。

举例来说，如果知道一些特定的顾客在有压力或自我感觉不好，甚至微醺的时候会强迫自己去买东西，考虑一下这些影响。如果"说服特征分析"能够使训练器对喜欢积极肯定的人喊出"你能做到"，那么理论上它也能使政客们针对每个选民的特定恐惧和弱点发表意见。

电视购物节目在半夜里播放，不只是因为这个播出时间便宜。在凌晨，大多数人特别容易受到暗示力量的影响。他们会为那些在白天永远不会购买的切片机而雀跃。但是凌晨三点规则是一个粗略的规则，大概是指，这段时间是我们日常生活中特别倾向于购买摆在我们面前的东西的时候。提供同样的个性化内容的数据也可以用来帮助营销者发现你的个人弱点并进而操纵你。而且这并不是一种假设的可能性：隐私研究人员帕姆·狄克逊（Pam Dixon）发现，一家名为"PK List Management"的数据公司提供了一份名为"对我免费——冲动购物的买家"的客户列表，这些名单里的人被认为极易受到抽奖券式宣传语的影响。

如果个性化说服适用于产品，那么对创意也同样有效。毫无疑问，有一些时间、地点和辩论风格使我们更容易相信别人告诉我们的东西。潜意识信息传递是非法的，因为我们认识到有些论证方式本质上具有欺骗性。用潜意识的闪词广告（flashed words）来吸引人们，向他们推销东西是不公平的。但很难想象，当政治竞选活动设法回避我们更合理的诉求时这些活动会对选民产生怎样的影响。

123

我们凭直觉了解揭示我们深层动机和欲望的力量以及我们工作的方式，这就是为什么我们大多数人在日常生活中只和我们真正信任的人一起做这些事。它有一种对称性：你就像你的朋友了解你一样地了解你的朋友。与此同时，"说服特征分析"却可以在无形中完成，你根本不需要知道这些数据是从你那里收集的，因此它是不对称的。而且不同于某些形式的显眼的剖析（如网飞），"说服特征分析"当被揭露时是有缺陷的。这不同于听到一位自动运作的教练说："你干得很棒！我这样告诉你是因为你会对鼓励式话语反应良好！"

所以你不一定会看到"说服特征分析"是如何起作用的。你不会看到它正被用来影响你的行为。我们提供这些数据给这些公司，这些公司没有法律义务对这些数据进行保密。在错误的人手中，"说服特征分析"让这些公司能够绕过你的理性决策，挖掘你的心理，引出你的冲动。了解一个人的身份，你就能更好地影响他的行为。

一条又深又窄的小径

谷歌副总裁玛丽萨·迈耶（Marissa Mayer）说，公司希望在不久的将来就能淘汰搜索框。"搜索引擎的下一阶段发展就是将其自动化。"埃里克·施密特在2010年说，"当我走在街上时，我想让我的智能手机不停地搜索——'你知道吗？''你知道吗？''你知道吗？''你知道吗？'"换句话说，你的手机应该在你搜索之前先弄清楚你想搜索什么。

124

在即将到来的不需要搜索引擎来进行搜索的时代，身份驱动着媒体。但这些人物角色还没有完全解决一个同时存在的事实：媒体也会塑造身份。政治学家仙托·延加（Shanto Iyengar）称其中的主要因素之一为可获得性偏见（accessibility bias），并在1982年发表的一篇题为《电视新闻"不那么微小"的后果的实验演示》（Experimental Demonstrations of the "Not-So-Mini-mal" Consequences of Television News）的论文中，证明了这种偏见是多么强大。在 6 天的时间里，延加要求纽黑文的居民们观看一个电视新闻节目的几个片段，他在每一组人的新闻片段里都掺杂了不同的内容。

之后，延加要求受试者对污染、通货膨胀和国防等问题的重要性进行排名。延加写道，在研究开始之前他们填写了调查问卷，而在观看之后，调查问卷的结果却发生了戏剧性的变化："接触到有关国防或污染的源源不断的新闻后，参与者开始相信国防或污染才是更重要的问题。"在观看了有关污染的新闻节目片段的小组中，这个问题的重要性排序从六个问题中的第五名上升到了第二名。

德鲁·韦斯特恩（Drew Westen）是一位专注于政治说服的神经心理学家，他通过让一群人记住包括月亮和海洋在内的一系列词汇来证明这种激发效应（priming effect）的力量。几分钟后，他改变了话题并询问他们喜欢哪种洗涤剂。该组人举手表明他们对汰渍（Tide）① 有着强烈的偏好，尽管韦斯特恩并没有提及这个词。

激发效应并不是媒体塑造我们身份的唯一方式。我们本身也更倾向于相信我们之前所听到的。在哈斯尔（Hasher）和戈尔茨坦（Goldstein）1977年的一项研究中，参与者被要求阅读 60 条陈述性内容，并标记它们是对的还是错的。所有的声明都是可信的，但其中一些（包括"法国号角球员因现金奖励留在军队"）是正确的，其他的（包括"离婚只在技术先进的社会中出现"）则不是。两周后，受试者返回并对第二批陈述性内容进行评定，其中第一批陈述性内容中的一些项目在第二次实验中重复出现了。到第三次实验时，也就是两周后，受试者更容易相信重复的陈述性内容。消费信息和消费食物一样，它们都塑造了我们。

所有这些都是基本的心理机制。但把它们与个性化媒体结合起来，麻烦的事情就开始发生了。你的身份塑造了你的媒体，然后你的媒体塑造了你的信仰和你所关心的内容。你点击一个链接，表示你对某件事感兴趣，这意味着你以后更有可能看到关于这个话题的文章，这反过来也会让你对

---

① 汰渍的英文还有"潮汐"的含义。——译者注

这个话题更感兴趣。你被困在一个"你"的循环中，而且如果你的身份被误传，奇怪的模式就会开始出现，就像放大器里的混响。

你如果是脸书用户，就可能遇到过这个问题。你查了查你大学时代的女朋友莎莉，有点好奇，想看看这些年来她在忙些什么。脸书把这解释为你对莎莉感兴趣的信号，突然之间，她的生活就出现在你的新闻源上。你还是有点好奇，所以你点击她发布的关于孩子、丈夫和宠物的新照片，证实了脸书的直觉。从脸书的角度来看，你似乎和这个人有关系，即使你们之间已经很多年没有交流了。之后的几个月里，莎莉的生活远比你们实际的关系更重要。她是"局部最大值"（local maximum）用户：虽然你对其他人的帖子更感兴趣，但你看到的就是她的近况。

在某种程度上，这种反馈效应是脸书早期员工、风险投资家马特·科勒（Matt Cohler）所说的"局部最大值问题"造成的。科勒被广泛认为是硅谷社交网络领域最聪明的思想家之一。

他向我解释，"局部最大值问题"在你试图优化某些东西的任何时候都会出现。比如说你想写一套简单的指令来帮助一个在内华达山脉（Sierra Nevadas）迷路的盲人找到通往最高峰的路。你会说："感受下你四周，看看周围是否被地势较低的地方包围。如果没有，那就朝地势更高的方向前进，然后重复这个动作。"

程序员总是面临这样的问题。搜索关键词"鱼"的时候，什么链接才是最佳结果？脸书向你展示哪些图片可以让你更有可能开始疯狂拍照？方向听起来很明显，你只需稍稍调整或转向一个又一个方向，直到你找到最佳位置。但是这些"爬山"的指示有一个问题：它们可能会把你带到山脚下（局部最大值问题），因为它们会指引你到达惠特尼山①的顶峰。

这并不是完全有害的，但是在过滤泡中，同样的现象也会发生在任何一个人或话题上。我发现，不去点击关于小工具的文章是一件难事，尽管实际上我并不认为它们有那么重要。个性化过滤器迎合了你身上最具强迫

---

① 惠特尼山属于内华达山脉，是美国本土48个州的最高峰。——译者注

性的部分，创造了"强迫性媒体"（compulsive media）来让你点击更多的东西。这项技术基本上无法区分强迫性欲望和大众兴趣，并且，如果你生成的页面浏览量可以卖给广告主，它就可能不会在意这两者的区别。

系统学习与你有关的知识越快，你就越有可能陷入一种身份级联（identity cascade）中。在这种情况下，一个小的初始动作——你点击一个关于园艺、无政府状态或重金属摇滚歌手奥兹·奥斯布恩（Ozzy Osbourne）的链接，就会表明你是一个喜欢这些东西的人。这反过来又为你提供了关于这些主题的更多信息，你更倾向于点击阅读这些主题的信息，因为这些主题现在已经为你准备好了。

特别是，一旦第二次点击发生，你的大脑就会出现这种情况。我们的大脑以一种奇怪但令人信服的非逻辑方式来减少认知失调——"我如果不是一个做 x 的人，那么为什么要做 x，因此我必须是一个做 x 的人。"在这个循环中，你的每次点击都是另一个自我证明的行为——"孩子，我想我真的很喜欢'疯狂火车'（Crazy Train）。"科勒告诉我，当你用一个可以自我演绎的递归过程时，"你最终会走上一条又深又窄的路。"混响淹没了主音调。如果身份循环没有通过随机性和意外发现来抵消，那么你最终可能会被困在身份的脚下，远离远处的高峰。

这是这些循环相对良性的时候。有时它们并非如此。

我们知道当老师认为学生很笨时会发生什么：他们变得更笨。在伦理学委员会出现之前进行的一项实验中，老师们得到了一份被认为可以反映他们班上学生的智商和能力的测验成绩。然而，他们并没有被告知这些成绩是在学生中随机分配的。一年后，那些被告知很聪明的学生的智商大幅提高。被告知低于平均水平的学生则没有这样的进步。

那么，当互联网认为你很笨时会发生什么呢？基于感知智商的个性化服务并非遥不可及，谷歌文档甚至提供了一个有用的工具，这个工具可以自动检查书面文本的级别。如果你的教育水平还不足以使你通过安客诚之类的工具评定，那任何人只要接触过几封电子邮件或脸书帖子，就很容易推断出你的学历水平。那些写作水平表明是大学水平的用户可能会看到更多来自《纽约客》的文章，拥有更基本写作技能的用户可能会从《纽约邮报》（*New York Post*）看到更多新闻消息。

在广播世界中，每个人都被认为可以阅读或处理相同级别的信息。在过滤泡中，不需要这样的期望。从某种程度上来说，这可能是好事，因为认知水平不足以阅读报纸从而放弃阅读的那一大群人，可能最终要与书面内容联系在一起。但是，如果没有压力去促使他们改善，他们就很有可能长期停留在三年级的水平。

意外与冒险

在某些情况下，让算法来决定我们可以看到什么以及我们可以得到什么机会，会给我们带来更公平的结果。计算机可以对种族和性别视而不见，这是人类通常无法做到的。但这只是在相关算法被小心谨慎地设计的情况下。否则，它们很可能只是简单地反映了它们正在整合处理的文化的社会习俗——一种对社会规范的回归。

在某些情况下，基于个人数据的算法排序甚至可能比人类的判断更具有歧视性。例如，帮助公司筛选人才简历的软件可以通过查看推荐的员工中哪些被真正聘用了来进行"学习"。如果连续选出 9 名白人候选人，算法就可能认为公司对雇用黑人不感兴趣并将他们排除在未来的搜索之外。纽约大学的社会学家多尔顿·康利（Dalton Conley）写道："在很多方面，这种基于网络的分类比基于种族、阶级、性别、宗教或其他人口特征的陈腐的分类更具潜在危险。"在程序员圈子中，这种错误是有名称的，它被称为"过度拟合"（overfitting）。

在线电影租赁网站网飞采用了一种叫作"影媒"（CineMatch）的算法。首先，很简单，比方说，如果我租了《指环王》（*Lord of the Rings*）三部曲中的第一部，网飞可以查一下观看《指环王》的其他人租了什么电影。如果他们中有很多人租过《星球大战》（*Star wars*），那么网飞会认为我很可能也想租《星球大战》这部电影。

这种逻辑被称为 kNN（k-nearest-neighbor）算法。通过使用这种技术，影媒算法根据用户租过的电影和他们给看过的电影打的星级评分（总分为五颗星），可以很好地弄清楚人们想看什么电影。2006 年，影媒已经比大多数人更擅长做推荐了，它可以在一颗星的范围内预测一个给定的用户对网飞的 10 万部电影的喜爱程度。一个人类录像员从来不会想过给《绿野仙踪》（The Wizard of Oz）的粉丝们推荐《沉默的羔羊》（Silence of the Lambs），但影媒知道这两部电影有大量重叠的粉丝群。

但网飞首席执行官里德·黑斯廷斯（Reed Hastings）并不满足于此。他在 2006 年告诉一名记者："如果用车子来打比方，我们现在开的则是福特最早期的 T 型车。"2006 年 10 月 2 日，一则公告出现在网飞的网站上："我们愿意为我们感兴趣的项目付出共计 100 万美元的奖金。"网飞从用户数据库中提取并发布了大量的数据评论、租赁记录和其他信息，删除了任何能明显识别特定用户的信息。现在，只要有人或团队能胜过影媒算法一成，公司就愿意付 100 万美元奖励。和英国的"经度大奖"（longitude prize）类似，网飞挑战赛（Netflix Challenge）也向所有人开放。黑斯廷斯在《纽约时报》上宣称："你所需要的只是一台个人电脑和一些伟大的洞察力。"

9 个月后，来自 150 多个国家和地区的约 18 000 个团队，运用了机器学习、神经网络、协作过滤和数据挖掘的思想，竞逐这项大奖。通常来说，高风险比赛中的参赛者都是秘密进行研究的。但网飞鼓励竞争对手之间相互交流，并建立了一个留言板，在那里他们可以协调解决共同的障碍。通读留言板，你会真切地感受到在为更好的算法而奋斗的三年里参赛者们都面临着怎样的挑战。过度拟合的问题反复出现。

构建"模式查找"的算法有两个挑战。一个问题是找到所有干扰因素中存在的模式。另一个问题则恰恰相反，如果模式不存在就不要在数据里硬挖。描述"1、2、3"的模式可以是"将一个数字加到前面的数字"或者"从最小到最大"。"除非你得到更多的数据，否则你无法确定。"你如果妄下结论，那么就过度拟合了。

在电影方面，过度拟合的危险性相对较小，许多模拟电影（analog movie）

的观众被引导相信这一点：因为他们喜欢《教父》（*The Godfather*）和《教父2》（*The Godfather：Part* Ⅱ），所以他们也会喜欢《教父3》（*The Godfather：Part* Ⅲ）。但过度拟合问题涉及过滤泡核心的、不能简化的问题：过度拟合和刻板印象是同义词。

"刻板印象"（stereotyping）这个词（顺便提一句，在这个意义上，这个词来自沃尔特·李普曼）经常被用来指那些不正确的恶意仇外模式，"这种肤色的人不那么聪明"是一个典型的例子。但是刻板印象和由此产生的负面影响对特定的人是不公平的，即使它们通常来说是相当准确的。

市场营销人员已经在探索"什么可预测"和"什么预测是公平的"之间的灰色地带。根据行为定位领域的老手查利·斯特赖克（Charlie Stryker）在社交图谱峰会（the Social Graph Summit）上所说，美国陆军非常成功地使用了社交图谱数据为军队开展招募工作。毕竟，你如果有6个脸书好友已经应征入伍，就很可能也会考虑这样做。根据喜欢你的人或和你有联系的人所做的事情来推断结论是一桩很好的买卖。这不仅仅局限于军队。银行开始使用社交数据来决定向谁提供贷款：如果你的朋友不按时还款，那么你很有可能也会赖账。"你朋友的信用度将用来决定你的信用度。"斯特赖克说。"这项技术的应用是非常强大的，"另一位社交定位企业家告诉《华尔街日报》，"谁知道我们能走多远？"

这种算法的问题之一是，公司不需要解释自己做出这些决定的依据是什么。因此，你会在不知情以及不可上诉的情况下被评判。例如，社交求职网站领英（LinkedIn）提供了预测职业轨迹的服务——通过将你的简历与你所在领域的其他人进行比较，领英可以预测你5年后的位置。该公司的工程师们希望，他们很快就能找到能带来更好结果的职业选择——"像你一样的毕业于沃顿商学院的中层IT专家比非沃顿商学院出身的每年要多赚25 000美金。"

作为一项提供给客户的服务，它非常有用。但想象一下，如果领英将这些数据提供给企业客户，帮助他们淘汰那些被认为是输家的人。因为在你完全不知情的情况下，这是可能发生的，你永远都不会有机会去争辩去证明这个预测是错误的，并对自己进行无罪推定。

如果银行因为你的高中同学不按时支付账单或者你喜欢很多拖欠贷款的人也喜欢的东西而歧视你，这看起来就很不公平。嗯，的确如此。它指出了归纳法即算法利用数据进行预测这一逻辑方法的一个基本问题。

早在计算机出现之前，哲学家们就一直在研究这个问题。尽管你可以从基本原理中论证数学证明的真实性，但哲学家大卫·休谟（David Hume）在1772年指出现实并非如此。正如投资界的陈词滥调所言，过去的表现并不预示未来的结果。

这给科学提出了一些大问题，科学的核心是利用数据预测未来。卡尔·波普尔（Karl Popper）是著名的科学哲学家之一，正如我们所知，他一生的使命就是解决归纳法的问题。虽然19世纪末的乐观主义思想家们研究了科学的历史，看到了通往真理的道路，但波普尔更倾向于把注意力集中在路边被遗弃的谬论上。大量失败的理论和想法与科学方法完全一致，但却大错特错。毕竟，托勒密的宇宙，以地球为中心，太阳和行星围绕着它旋转，经受了大量的数学审查和科学观察。

波普尔从一个稍微不同的角度提出他的问题：仅仅因为你只见过白天鹅，并不意味着所有的天鹅都是白天鹅。你要找的是黑天鹅，提供反例，才能证明这个理论是错误的。波普尔认为，"可证伪性"是寻找真理的关键。对于波普尔来说，科学的目的是推进人们无法找到任何反例、任何黑天鹅的最大主张。波普尔观点的本质是对科学诱导的知识的一种深深的谦卑——认为我们总是错的，就像我们是对的一样，并且我们通常不知道自己什么时候是对的。

很多算法预测方法都没有建立在这种谦卑的基础上。当然，它们偶尔会遇到不符合模型的人或行为，但这些异常不会从根本上破坏它们的算法。毕竟，用金钱来驱动这些系统的广告主并不需要这些模式有多完美，它们最感兴趣的是人口统计数据，而不是复杂的人类。

当你对天气进行建模并预测有70%的概率下雨时，它并不会影响雨云。不下雨就是不下雨。但当你预测，因为我的朋友不值得信任，所以我有70%

> 组成过滤泡的统计模型将异常值消去了。但在人类生活中，正是那些局外事物使事情变得有趣并给我们灵感。而这些异常值是变化的第一个信号。

的机会拖欠贷款时，如果你弄错了，后果将不堪设想。你在歧视我。

正如波普尔所指出的，避免过度拟合的最佳方法是尝试证明模型是错误的，并构建出能够进行无罪推定的算法。如果网飞给我看了一部浪漫喜剧，我喜欢它，它就会给我看另一部，并开始把我当成一个浪漫喜剧爱好者。但如果它想要很好地了解我到底是谁，它就应该不断地给我看像《银翼杀手》（Blade Runner）这样的电影，试图证明它是错误的，以此来检验这个假设。否则，我最终会被休·格兰特（Hugh Grant）和朱莉娅·罗伯茨（Julia Roberts）所主张的"局部最大值问题"困扰。

组成过滤泡的统计模型将异常值消去了。但在人类生活中，正是那些局外事物使事情变得有趣并给我们灵感。而这些异常值是变化的第一个信号。

值得注意的是，对算法预测最好的批评之一来自 19 世纪晚期的俄国小说家陀思妥耶夫斯基（Fyodor Dostoyevsky）。他所写的《地下室手记》（Notes from Underground）是对当时乌托邦科学理性主义的激情批判。陀思妥耶夫斯基观察了被严格控制的、有序的人类生活，这是科学所承诺和预测的平庸未来。"所有人类的行为，"小说中未透露姓名的叙述者抱怨道，"接下来人类所有的言行，当然，根据这些定规被列成表格，就像极限是 108 000 的对数表一样，输入指数……里面所有的一切都将被如此清晰地计算和解释，世界上将不会有更多的意外或冒险。"

世界经常遵循可预测的规则，并落入可预测的模式：潮汐涨落，日月盈亏，甚至天气也越来越可以被预测。但当这种思维方式应用于人类行为时，它可能是危险的，原因很简单：我们最好的时刻往往是最不可预知的时刻。完全可预知的生活不值得过下去。但是，算法归纳会导致一种信息决定论，在这种决定论中，我们过去的点击流完全决定了我们的未来。换句话说，我们如果不删除我们的网页历史，就可能注定要重复它们。

第五章 公众无关紧要

个性化既是品牌区隔化过程的原因，也是其结果。过滤泡如此吸引人，无非因为其满足了后物质主义放大的个人表达的欲求。不过一旦我们置身其中，将我们的个性与内容流相匹配，这个过程就会侵蚀群体的共同经验。

新的个人信息环境最独特的地方之一就是"非对称性"。"个体必须越来越多地将自己的信息提供给大型的匿名机构，让陌生人来处理和使用，你看不见也不知道，而且经常后知后觉。"

个性化算法会导致身份循环，在这种循环中，代码通过用户画像构建用户的媒体环境，而这一媒体环境有助于塑造用户未来的偏好。这是一个无可避免的问题，但是至少程序可以精心设计一种优先考虑"可证伪性"的算法，也就是说，着重于反证用户画像的算法。

107

旁人看得见我们眼中的事物，听得见我们耳闻的声响，正因有这些旁人的存在，我们才确知世界真的存在，你我是真有其人。

——汉娜·阿伦特（Hannah Arendt）

在美国，消除报纸影响的唯一方法是增加报纸的数量，这是政治学的一条公理。

——托克维尔（Alexis de Tocqueville）

111

我们通常认为，审查制度是政府改变事实和内容的过程。当互联网出现后，很多人希望它能彻底消除审查制度，但信息的洪流对政府来说太快太强了，无法控制。

但是在互联网时代，政府仍然有可能操纵真相，只是做法不太一样：政府不是一味简单地彻底禁止某些词语或观点，而是越来越多地围绕二级审查——信息筛选、排版、导流和注意力控制。此外，由于过滤泡主要由少数几家公司集中控制，想针对个体来调整资讯并没有你想象的那么难。互联网早期的支持者曾经预测，互联网可以使权力去中心化，但在某些方面，互联网让权力更加集中了。

云端之主

互联网早期的支持者曾经预测，互联网可以使权力去中心化，但在某些方面，互联网让权力更加集中了。

为了了解个性化如何被用于政治目的，我访问了约翰·伦登（John Rendon）。

伦登和气地将自己描述为"信息战士和感知经

理"。从位于华盛顿特区杜邦圆环的伦登集团总部，他向数十家美国机构和外国政府提供服务。海湾战争期间，美军攻进科威特城，电视转播画面是数百名科威特人快乐地挥舞着美国国旗。"你有没有停下来想一想，"他后来问观众，"科威特人民被扣为人质长达七个月，生活水深火热，怎么能手持美国国旗？而且还有其他联军国家的国旗呢？你们现在明白了吧，那是我的工作之一。"

伦登大部分的工作是机密的，他等级很高，高级情报分析师有时也无法获得的信息，他都能接触到。他在乔治·W.布什时期对伊拉克进行的亲美宣传中扮演什么样的角色，目前还不清楚。尽管有一些消息来源表示他是核心人物，但伦登否认参与其中。然而他的愿望很明确：伦登希望看到一个电视"推动决策进程"、"电子巡逻队取代边境巡逻队"，政府"不战而胜"的世界。

所以，当他提到他的第一件武器是一本非常普通的同义辞典时，我还是有点惊讶。伦登表示，改变公众舆论的关键是用不同的方式表达同一件事情。他描述了一个矩阵，一边是极端的语言或观点，另一边是温和的观点。通过情感分析就可以了解一个国民对某个事件的感受，比如对美国的新武器交易，伦登能找出正确的同义词，推动民意慢慢朝向"赞成"，"逐渐调整一场辩论的方向"。他说："与其建构一个全新事实，接近现实并把它推向正确的方向，要容易得多。"

伦登和我曾出席过同一场研讨会，听我关于个性化主题的演讲。他告诉我，过滤泡为感知管理提供了新方法。"第一步是从算法开始。你如果能找到一个办法，只让你的内容被算法跟踪、提取和呈现，就有更好的机会形塑信念。"事实上他暗示，我们如果找对地方，现在也许就能观察到民意随时间推移被算法慢慢挪动的迹象。

但如果过滤泡在未来可以轻易让伊拉克或巴拿马国家改变民意，那么伦登显然担心这种自我分类和个性化过滤也会对美国的民主造成影响。"如果我要对着一棵树拍照，"他说，"我有必要知道现在是什么季节。在不同季节，树木看起来是不一样的。它可能快死了，或者只是在秋天掉叶子。"

要做出好的决策，背景至关重要——这就是为什么军方如此关注他们所谓的"360度态势感知"。在过滤泡中，你看不到360度，可能连1度都看不见。

我把话题拉回用算法转移情绪这个问题上。"算法自我产生和自我强化信息流，那该怎么利用这个系统呢？我还得再考虑一下，"伦登说，"但我认为我知道我会怎么做。"

"怎么做？"我问。

他停顿了一下，然后咯咯笑了起来："你有点奸诈。"他已经说得太多了。

第一次世界大战期间，沃尔特·李普曼抨击政府的宣传运动。为了煽动民意参战，政府煞费苦心，逼迫全美数百家报纸加入统一战线，"让真相一步到位"。而现在的情况是，每个博主都是出版商，想让所有的博主"踢正步"，几乎是不可能完成的任务。2010年，谷歌首席执行官埃里克·施密特呼应了这一观点，他在《外交事务》（*Foreign Affairs*）杂志上指出，互联网架空了中介机构和政府，赋予个人"在不受政府控制的情况下消费、分发和创建自己的内容"的权力。

对谷歌来说这是一个避重就轻的视角。如果中介机构正在失去权力，那么该公司在一个大得多的剧本中只是一个次要角色。但实际上，绝大多数在线内容是通过少数几个网站传递给人们的，谷歌是其中最重要的一个。这些大公司代表着新的权力核心。虽然它们的跨国性使它们会抵制某些形式的监管，但它们也可以为那些寻求引导信息流的政府提供一站式服务。

只要有数据库存在，国家就有可能访问它。这就是为什么支持拥枪权的积极分子经常以艾尔弗雷德·弗莱托（Alfred Flatow）为例。弗莱托是德国犹太人，奥运会体操选手。1932年魏玛共和国日渐衰落时，他依法进行了枪支注册。1938年，德国警察敲开了他的门。他们事先翻遍了所有记录，准备对犹太人进行大屠杀，所以开始逮捕拥有手枪的犹太人。弗莱托于1942年在集中营被杀。

对全美步枪协会的会员们而言，这是关于国家枪支登记危险性的重要警示。与弗莱托类似的例子有成千上万，全美步枪协会数十年来不断宣传这些案例，成功地阻止了全国枪主资料库的建立。万一哪天法西斯反犹势力在美国掌权，他们可以通过自己的数据库找到拥枪的犹太人，但数量不会很多。

　　但全美步枪协会的关注点可能过于窄了一点。政府以外还有很多数据库，法西斯分子并不会认真遵循使用的法律条文。使用信用卡公司的数据或者基于安客诚追踪的数千种资料构建模型，可以非常准确地预测谁有枪支谁没有枪支。

　　即使你不是拥枪权的支持者，这个故事也值得关注。个性化的机制将权力转移到少数几个主要的公司行为体手中。海量数据的整合为政府（甚至是民主政权）提供了前所未有的潜在力量。

　　许多企业和初创企业现在不在内部存储网站和数据库，而是把资料存在外地，通过其他公司管理的大型服务器使用虚拟计算机运行。这些机器连接成网，计算能力强大，存储空间无限，被称为云，它让客户拥有更大的灵活性。你如果有业务在云中运行，当处理需求扩大时，就不需要购买更多硬件，只需要租用更多的云即可。亚马逊的网络服务是这个领域的重要参与者之一，它拥有数以千计的网站和网络服务器，无疑存储了无数的个人数据。一方面，云可以让地下室里的每个小创业家都能获得几乎无限的计算能力，快速扩展新的在线服务。另一方面，正如克莱夫·汤普森向我所指出的那样，云"实际掌握在少数几家公司手里"。2010 年，亚马逊迫于政治压力终止了激进网站"维基解密"的伺服器，该网站立即崩溃，无处可去。

　　存储在云上的个人数据实际上比家庭电脑上的信息更容易被政府搜索到。联邦调查局需要法官的搜查令来搜查你的笔记本电脑。但是电子自由基金会（the Electronic Freedom Foundation）的一名律师说，你如果使用雅虎、谷歌邮箱或 Hotmail 发邮件，就"会立即失去宪法保护"。联邦调查局可以直接向该公司索取信息，不需要司法文书，也不需要上级许可，只要能事后辩称"事态紧急"就可以了。"警察会喜欢这个的，"隐私权倡导者

115

116

罗伯特·格尔曼（Robert Gellman）在谈到云计算时说，"他们只要去一个地方，就能获取每个人的文件。"

由于数据的规模经济效应，云巨人们越来越强大。但它们很容易被卷入法律纠纷，所以这些公司让政府开心的同时自己也能获益。2006 年，司法部要求美国在线、雅虎和 MSN 提供数十亿份搜索记录，这三家公司很快就照办了。（值得称赞的是，谷歌拒绝了这一要求。）咨询公司博斯艾伦汉密尔顿的信息技术专家斯蒂芬·阿诺德（Stephen Arnold）表示，谷歌的山景城总部曾有三名"某情报机构"的官员派驻。此外，谷歌和中情局共同投资一家名为"记录未来"（Recorded Future）的公司，该公司专注于通过数据关联性来预测现实中的未来事件。

即使这种数据整合不会导致更多的政府监控，但这种整合本身就令人担忧。

新的个人信息环境最独特的地方之一就是"非对称性"。乔纳森·齐特林在《互联网的未来及其挽救》（*The Future of the Internet—and How to Stop It*）一书中指出，"如今，个体必须越来越多地将自己的信息提供给大型的匿名机构，让陌生人来处理和使用，你看不见也不知道，而且经常后知后觉"。

假如你住在小镇或一栋壁薄如纸的公寓楼里，我对你的了解和你对我的了解大致相同。这是社会契约的基础，在这份契约中，我们会刻意忽略一些我们知道的东西。但新的无隐私世界废除了这份契约。我可以在你浑然不觉的情况下知道你很多事情。搜索专家约翰·巴特尔告诉我，"我们的行为中隐含着一笔交易，但我们还没算清这到底价值多少"。

如果弗朗西斯·培根（Francis Bacon）爵士关于"知识就是力量"的说法是正确的，隐私支持者维克托·迈耶-舍恩伯格（Viktor Mayer-Schonberger）写道，我们现在看到的无非就是"信息力量从无权者向有权者的再分配"。我们知道彼此的一切，这是一回事，但如果集权实体对我们的了解比我们对彼此的了解还透彻，甚至

新的个人信息环境最独特的地方之一就是"非对称性"。"个体必须越来越多地将自己的信息提供给大型的匿名机构，让陌生人来处理和使用，你看不见也不知道，而且经常后知后觉。"

比我们自己更了解自己，那就是另一回事。如果知识就是力量，那么知识的不对称就是力量的不对称。

谷歌著名的座右铭"不作恶"据说是为了减轻外界对其的担忧。我曾经向一名谷歌搜索工程师解释说，虽然我不认为该公司目前是邪恶的，但如果它愿意，它似乎拥有做坏事所需的一切条件。他笑得很开心。"对，"他说，"我们不是邪恶的。我们用尽心力不做邪恶的人。但是如果我们想，伙计，我们绝对办得到！"

友好世界综合征

迄今为止，大多数政府和企业在相当谨慎地使用个人数据和个性化提供的新权力，但一些具有压迫性的政权明显是例外。即使抛开蓄意操纵不谈，过滤器的兴起也给民主国家带来了意想不到但却相当严重的后果。过滤泡让公共领域中关于公共事务的话题和共同问题的讨论离个人越来越远。

首先，世界变得友善起来。

早在 20 世纪 70 年代中期，作为第一批开始思考媒体是如何影响民众政治思想的理论家，传播研究者乔治·格布纳（George Gerbner）花了很多时间思考像《警界双雄》（*Starsky and Hutch*）这样的电视剧。这部电视剧其实相当愚蠢，充斥着 70 年代警匪剧的陈词套路——浓密的小胡子，激昂的管弦配乐，简单化的善恶情节。这类的电视剧还有很多，一再翻拍的经典有《霹雳娇娃》（*Charlie's Angels*）、《檀岛警骑》（*Hawaii Five-O*），还有不怎么可能在 21 世纪再上演的《破茧飞龙》（*The Rockford Files*）、《特工克里斯蒂》（*Get Christie Love*）、《12 号亚当》（*Adam*-12）等。

格布纳是一位二战退伍军人，后来成为安纳伯格传播学院院长。他非常严肃地对待这些节目。从 1969 年开始，他开始系统研究电视节目如何影响民众对世界的看法。事实证明，警匪剧效果显著。当电视观众被要求估计警察在成年劳动力中的占比时，相对于具有相同教育和人口背景的非电视观众来说，电视观众的估值会高很多。更令人不安的是，看过很多暴力电视节目的孩子，他们更可能害怕现实世界中发生的暴力事件。

格布纳称之为"无情世界综合征"（the mean world syndrome）：假如你家每天看电视超过三个小时，而隔壁邻居家看得较少，那么实际上，与隔壁邻居相比，你在一个更无情的世界中长大，你的行为也会受影响。"你知道的，讲述故事的权力在谁手里，谁就能支配人的行为。"格布纳后来说。

格布纳于2005年去世，因此他有时间目睹互联网开始打破电视的垄断，相信他一定如释重负：尽管谁可以在线讲故事的权力依然相当集中，但互联网至少提供了更多的选择。你如果想看地方新闻，但不想看地方台为了冲收视率而鼓吹犯罪恶化的消息，就大可以去看博客。

但"无情世界综合征"最多是形成了风险，一个新问题却即将出现：我们现在面临的可能是说服分析理论家迪安·埃克尔斯所说的"友好世界综合征"（a friendly world syndrome），而其中一些最大和最重要的问题还未能引发我们关注。

愤世嫉俗的狗血情节促成了电视里的无情世界，但算法过滤产生的友好世界却可能不是故意的。根据脸书工程师安德鲁·博斯沃思（Andrew Bosworth）的说法，开发"点赞"按钮的团队最初考虑了许多图形——从星号到竖起大拇指都有（但在伊朗和泰国，这是一个淫秽的手势）。在2007年夏天的一个月里，这个按钮被称为"棒极了"，但脸书小组最终选择了更具普遍意义的"赞"，因为这个词全球通用。

脸书选择"赞"而不是"重要"，这是一个有深远影响的小设计：在脸书上，最受关注的故事是获"赞"最多的故事，而获"赞"最多的故事，会更受欢迎。

用过滤器产生无菌的友好世界，肯定不止脸书一家倾向于这么干。正如脸书顾问埃克尔斯向我指出的那样，即使是倾向于让用户自己调整筛选机制的推特，也有这种倾向。推特用户可以看到他们关注的人的大部分推文，但如果我的朋友和我不关注的人交流，他们的推文就不会出现在我的视野中。推特的这种做法完全没有恶意，只是不想让我被不感兴趣的对话淹没。但结果是，我和朋友（思想和背景和我相似）间的对话比重太高，而那些可能让我接触到新思想的对话却被忽视了。

当然，能够穿透过滤泡并塑造我们对政治世界感觉的故事太多，不能用"友好"一词以蔽之。作为一个进步派政治新闻迷，我获取了很多关于萨拉·佩林（Sarah Palin）和格伦·贝克（Glenn Beck）的新闻。然而这些新闻的调性可想而知：人们转发它是为了用贝克和佩林的言辞来表达他们的沮丧，并与朋友们建立一种团结的感觉，这些朋友大概也有同感。我在动态新闻中看到的东西很少会动摇我的世界观。

比较容易在过滤泡中形成气候的是带有情绪的新闻。我在前文中谈过，沃顿商学院研究了《纽约时报》转发最多的热门新闻名单发现，那些能够激起强烈情绪——敬畏、焦虑、愤怒、幸福——的新闻报道更有可能被分享。如果电视给了我们一个"无情的世界"，那么过滤泡就给了我们一个"情绪世界"。

友好世界综合征令人不安的副作用之一，是有些重要的公共议题会自动消失。很少有人会主动搜索和分享关于无家可归者的信息。一般而言，枯燥、复杂、进展缓慢的问题——许多真正重要的问题都是这样——容易被挡在过滤泡之外。尽管我们过去经常依赖人类编辑来聚焦这些重大议题，但编辑们的影响力正在减弱。

正如环保组织 Oceana 发现的那样，即使利用广告也不一定能够唤醒人们对于公共问题的关注。2004 年，Oceana 发起一场运动，敦促皇家加勒比国际游轮停止向海洋倾倒未经处理的污水，作为这项运动的一部分，它在谷歌上打出了广告："帮助我们保护全球海洋，一起加油！"但两天后谷歌撤下了广告，认为"其用语有抵制游轮行业之意"，违反了谷歌关于品味的一般准则。显然，谷歌不欢迎用户在公共议题上用广告来影射企业。

在我们社会中存在重要、复杂却不愉快的议题，但过滤泡把它们阻挡在外，使它们隐形了。并且不仅是议题消失了，整个政治程序也逐渐消失于无形。

隐形的竞选

2000 年，乔治·W. 布什以远少于竞选顾问卡尔·罗夫（Karl Rove）预期的票数在美国大选中获胜。罗夫在佐治亚州的一些微瞄准媒体上启动了一系列实验，试图通过查看广泛的消费者数据（"你更喜欢啤酒还是葡萄酒？"）来预测投票行为，判断什么样的选民更容易被说服，什么样的选民更会被激励去投票。虽然实验结果仍未公开，但据说罗夫的发现大受共和党重视，成为其 2002 年和 2004 年成功的投票策略的核心。

左派也不甘示弱。凯特利（Catalist）是一家由几位前亚马逊工程师成立的公司，它建立了一个包含数亿名选民档案的数据库。任何组织和社团（包括 MoveOn）都可以进行付费查询，帮助决定该敲谁的门，向谁投广告。而这只是开始。民主党最提倡通过数据拉票的专家之一马克·施泰茨（Mark Steitz），最近在给进步派的一份备忘录中写道："精准宣传经常让人联想到轰炸——从飞机上投掷信息炸弹。但最好的数据工具可以帮助我们根据观察到的人际沟通的情形，来与人进行接触，建立关系。如果派人去挨家挨户访问，发现某人对教育感兴趣，那么我们会带更多相关的资讯去找那个人和与之相似的人。亚马逊的推荐引擎是我们需要努力的方向。"现今的趋势很明显：我们的策略重点正从摇摆州转向单个的摇摆人。

试想现在是 2016 年的美国总统大选，各派争相来拉票。

会不会找你？这取决于你是谁，真的。如果数据显示你经常投票，并且你过去可能是摇摆不定的选民，那么这场拉票战可能会争得不可开交。你会被广告、电话和朋友的邀请轮番轰炸。你如果不是有票必投，那么会受到各种激励去投票。

假设你更像一个普通的美国人。你通常只给一个党的候选人投票。对于另一阵营的数据处理专家来说，你看起来不是特别会被说服。而因为你经常在总统选举中投票，你自己的党也不会打电话催你。你投票只是尽公民义务，其实你对政治并不那么感兴趣。相比而言，你对足球、机器人、癌症治疗以及你居住的城镇正在发生的事情更感兴趣。那么您的个性化新闻订阅就会反映出这些兴趣爱好，而不是呈现最近一次的竞选活动新闻。

在一个被过滤的世界里，候选人专门瞄准那些易于被说服的小众，而你会知道竞选都发生了些什么吗？

即使你浏览到一个为普通选民报道比赛的网站，也很难知道正在发生什么。这场选举的议题是什么？你看不到以全民为诉求对象、涵盖所有人政见的信息，因为候选人针对的不是普通公众。相反，候选人会设计一系列碎片化的政见，用以攻破中间选民的个性化过滤器。

谷歌正在为这样的未来做准备。早在 2010 年，它就已经为政治广告配备了 24 小时"战情室"，即使是在临近投票前的 10 月的凌晨，也能快速审核通过并激活新广告。雅虎正在进行一系列实验，一边是各选区公开的曾经投票的名单，一边是自家网站上采集到的点击信号和网站历史数据，看看能否将两者匹配起来。旧金山一家叫"拉普里夫"（Rapleaf）的数据聚合公司，正试图将脸书的社交图谱信息同投票行为联系起来——这样它就可以根据你朋友的反应向你展示最适合你的政治广告。

想和选民谈论他们真正感兴趣的事，这种冲动并不坏——这肯定比一提到"政治"一词，很多人就目光呆滞要好太多。互联网确实释放了整个新一代活动家的协调能量，现在想要找到在政治上志同道合的朋友，比以往任何时候都更容易。但是，虽然容易把这些人集结成群，然而随着个性化的发展，任何特定群体想要接触更为广泛的受众将变得更加困难。在某些方面，个性化对公共生活本身构成了威胁。

由于政治广告的艺术水平比商业广告落后了五年，因此个性化导致的变局还在不断发展。但首先，"过滤泡政治"可以让更多人只针对单一问题去投票。和个性化媒体类似，个性化广告是一条双向道：因为我开的是丰田普锐斯混合动力车，所以我可能会看到一则关于环保的广告，而这则广告让我更加关心环境保护问题。如果某个国会竞选团队能够确认，这是最有可能说服我的议题，那干吗还要费心告诉我其他所有问题呢？

从理论上讲，市场因素将继续鼓励候选人接触非投票者。但另一个更加复杂的问题是，越来越多的公司也允许用户删除他们不喜欢的广告。毕竟对脸书和谷歌来说，如果让用户看到不喜欢的想法或服务则是一种失败。由于人们倾向于排斥与个人理念相左的广告，那么被说服的可能性就更小。"如果一定数量排斥米特·罗姆尼（Mitt Romney）的共和党人看到米特的广告，并点击'攻击'，"共和党政治顾问文森特·哈里斯（Vincent Harris）写道，"那么就有可能导致所有米特·罗姆尼的广告被封杀。不管罗姆尼的竞选团队想在脸书上砸多少钱，都无济于事。"迫使候选人想出更好的方式来表达自己的观点，或许会催生更有想法的广告，但这也可能会使广告预算飙升，让竞选活动变成砸钱游戏。

155

过滤泡带来的最严重的政治问题是，它使得公共辩论变得越来越困难。随着竞选广告的细分类别和信息数量不断增加，越来越难追踪是谁在对谁说什么。相比而言，电视是比较容易监看的——你可以在每个有线电视区录下对手的广告。但如果对方的选民群体很有针对性，年龄在 28 岁到 34 岁之间，在脸书页面上自曝是 U2 乐队的粉丝，曾捐款支持巴拉克·奥巴马竞选，并且是白人犹太人，那么竞选团队又该怎么办呢？

2010 年，保守派政治团体"美国就业保障"（Americans for Job Security）在电视上发布广告，错误地指责国会众议员皮特·胡克斯特拉（Pete Hoekstra）拒绝签署一项无新税保证书。胡克斯特拉向电视台展示了签署的承诺，叫停了广告。仲裁真相的大权被电视台老板一手包揽，这并不好——我自己也花了相当多时间和他们争论——但有总比没有好。目前还不清楚，像谷歌这样的公司是否有资源或兴趣在接下来的选举周期中，在登载的数十万个不同广告中充当真实性的仲裁者。

156

随着个性化的政治广告增加，不仅每个阵营回应对手、核查对手言论真实性的难度越来越大，记者们面临的挑战也在升级。在未来，记者和博主可能无法轻易接触到最重要的广告，想把记者排除在精准广告之外易如反掌，而记者却很难编造自己是一个真正的摇摆选民的形象。（解决这个问题的简易方法是，要求竞选团队立即公布所有在线广告的内容和每个广告的目

过滤泡带来的最严重的政治问题是，它使得公共辩论变得越来越困难。

标对象。现阶段，即时公布广告内容是零零散散的，而目标受众则属于机密。）

这并不等于说，电视上的政治广告有多棒。大多数情况下，电视政治广告尖锐、刺眼又不讨喜。如果可以，大多数人则会把它们拒之门外。但在大众传播时代，电视政治广告至少有三个作用：第一，提醒人们选举将至；第二，帮助人们认识候选人的价值观、政见、论点，这些都是政治辩论的要点；第三，为公众对话奠定基础，方便大家辩论眼前的政治决策——类似于你在超市排队时的闲聊。

尽管有种种缺点，但选举运动仍然是辩论国家大事的主要场合之一。美国要纵容酷刑吗？我们是社会达尔文主义的国家还是支持社会福利的国家？谁是我们的英雄，谁是恶棍？在大众传播时代，选举运动有助于回答这些问题。但这些功能可能维持不了太久了。

区隔化

在《大群体》（*The Big Sort*）一书中，消费趋势专家沃克·史密斯（J. Walker Smith）告诉作者比尔·毕晓普（Bill Bishop），现代政治营销的目标就是"提高客户忠诚度——用市场营销的术语来说就是提高平均交易规模，或者就是增加注册的共和党人投票给共和党的可能性。这是一种应用于政治上的商业哲学，我认为这很危险，因为这样做的出发点不是试图形成共识，不是让人们向全民利益的方向思考"。

但越来越多的政治人物开始走这条路，这与过滤泡崛起的原因相同：个性化让选举的预算都花在了刀刃上。这也是生活在工业化国家的人们思考什么对自己重要的自然结果。当人们不必担心生活的基本需求是否能够得到满足时，他们就更关心那些代表他们的产品和领导人是否具有个性。

罗恩·英格哈特（Ron Inglehart）教授称这种趋势为"后物质主义"（postmaterialism）。他认为后物质主义有一个基本前提，"人们把最看重的主观价值放在最短缺的事物上"。在一项跨越了 80 个国家、历时 40 年的调查中，英格哈特发现，那些从来不用担心自己温饱问题的人，其行为方式与出身贫寒的父母截然不同。英格哈特在《现代化和后现代化》（*Modernization and Postmodernization*）中写道："我们甚至可以明确地指出在不同类型的社会中，哪些议题最能在政治上得到回应。正确率远胜于随机。"

虽然国与国之间观念差异显著，但后物质主义者有一些重要的共同点：他们对权威和传统制度不那么尊重，威权主义政治铁腕人物的吸引力似乎与对生存的基本恐惧有关；他们更能容忍差异性，一张引人注目的图表显示，生活满意度越高的人对邻居是否是同性恋的宽容度也越高。前几代人重视财富和秩序，但后物质主义者则重视自我表达和"做你自己"。

有点令人困惑的是，后物质主义并不意味着反消费。事实上后物质主义正是我们当前消费文化的基石：前人购买东西，是因为需要物品来维系生存，而现在购物则是为了自我表达。同样的动力也适用于政治选举，选民越来越多地根据候选人是否代表了自己的志向来评价他们。

结果就是营销人员所谓的品牌区隔。过去，品牌主要是为了强调产品质量——"多芬香皂品质纯净，由最上等的原料精制而成"——广告更注重推销基本价值。但现在，品牌开始成为表达身份的媒介，它需要与不同群体的人们更加密切地交流。不同的群体想要表达不同的身份诉求，结果品牌开始分化。想要更好地理解巴拉克·奥巴马所面临的挑战，理解蓝带啤酒是个好方法。

千禧年初，蓝带啤酒陷入财务困境。蓝带的核心客户群是乡下白人，但这个群体的消费市场已经饱和。1970 年蓝带的销售业绩是 2 000 万桶，如今每年销量还不到 100 万桶。蓝带如果想卖更多的啤酒，就必须另外开辟市场。中层营销经理尼尔·斯图尔特（Neal Stewart）正是这样做的。他发现蓝带在俄勒冈州的小镇波特兰销售强劲，而当地流行一种带有讽刺意味地怀念白人工人阶级的文化（还记得卡车司机的帽子吗？）。斯图尔特想，蓝带既然无法让消费者真诚地畅饮，也许可以让人们自嘲地喝下。蓝带开始赞助潮人活动——画廊开幕式、自行车快递员比赛、滑板比赛等。不到一年，蓝带的销售业绩大幅上升，这就是为什么现在如果你走进布鲁克林住宅区的一家酒吧，蓝带比其他低端美国啤酒更容易买到。

这不是蓝带走过的唯一的创新改造之路。在中国，蓝带被誉为"中外驰名的名酒"，已经跻身大都会精英阶层的奢侈饮料行列。蓝带的广告将其与"苏格兰威士忌、法国白兰地、波尔多葡萄酒"相提并论，将其倒在香槟杯中，放在木桶顶部，一瓶售价约 44 美元。

蓝带故事的有趣之处在于，它不是典型的品牌重塑，而是被"重新定位"以吸引另外一个群体。白人工人阶级中许多人仍然真诚地喝着蓝带啤酒，这是对本地文化坚实的肯定。都市潮人喝蓝带啤酒，则是调皮地眨眨眼再喝。富裕的中国雅皮士把它作为香槟的替代品和炫耀性消费的象征。同一种饮料对不同的人来说，意味着截然不同的东西。

在细分市场的离心力拉动下，每个不同的市场都想要代表其身份的产品。政治领导权也和蓝带品牌一样发生分裂。巴拉克·奥巴马变色龙式的政治风格已经引起了广泛关注。"我是一个空白的屏幕，"他在 2006 年出版的《勇往直前》（*The Audacity of Hope*）一书中写道，"让不同政治派别的人在上面表达自我的主张。"奥巴马个人的政治取向原本就多元，但在这个区隔化的时代也是一个优势。

（可以肯定的是，互联网也可以促进整合，根据《赫芬顿邮报》的报道，奥巴马对旧金山的捐款人说，部分民众"执着于枪支与宗教"，这一评论成为竞选对手反对他的热议话题。而同时，布鲁克林区威廉斯堡的潮人如果读对了博客，则可以了解到蓝带啤酒在中国的营销策略。虽然区隔化行销的招数被曝光，区隔化的手段危机重重，还削弱了自身的诚信，但这并没有从根本上影响事态，只会促使其更加奋力去调整目标。）

正如奥巴马所学到的，这种区隔化的不利之处在于，做领导人更加困难了。在不同政治选区采取不同的言行并不新鲜，事实上这可能和政治活动本身一样古老。但政治人物总有言行是重叠的，要面对所有选区，而这样的言行正在大幅减少。你可以代表许多不同类型的人，也可以代表某些东西，但

个性化既是品牌区隔化过程的原因，也是其结果。过滤泡如此吸引人，无非因为其满足了后物质主义放大的个人表达的欲求。不过一旦我们置身其中，将我们的个性与内容流相匹配，这个过程就会侵蚀群体的共同经验，导致政治领导力濒临崩溃。

同时做两件事情变得越来越困难。

个性化既是品牌区隔化过程的原因，也是其结果。过滤泡如此吸引人，无非因为其满足了后物质主义放大的个人表达的欲求。不过一旦我们置身其中，将我们的个性与内容流相匹配，这个过程就会侵蚀群体的共同经验，导致政治领导力濒临崩溃。

话语与民主

161 对于后物质主义政治而言，好消息是随着国家变得更加富裕，公民可能会变得更加宽容，更喜欢自我表达。但是它也有黑暗的一面。英格哈特的学生特德·诺德豪斯（Ted Nordhaus）专注于环境运动中的后物质主义研究，他告诉我，"后物质主义的阴影是自我卷入太深……现在之所以能够享受优质生活，全靠群体的努力，但是我们不知道哪些是需要共同努力的事情"。在后物质主义世界里，你的终极任务就是自我表达，但支持这种表达的公共基础设施却不存在了。然而，我们可能找不到公共问题，但公共问题会找到我们。

我的家乡缅因州林肯维尔住着900人，那里每年会举行几次市民大会。这是我对民主的第一印象：数百名居民挤进小学礼堂或地下室，讨论学校扩建、道路限速、土地划分和狩猎禁令等。在一排排灰色金属折叠椅当中的过道里，有一个小讲台和一个麦克风，人们可以排队等待发言。

这不是一个完美的体系：有些发言者喋喋不休，有些人会被轰下台。但它给了我们所有人一种是我们构成了这个社区的感觉，这种感觉在其他任何地方都找不到。如果讨论是关于鼓励更多的沿海地区贸易的议题，你

162 就会听到富裕的避暑度假者为享受平静安宁提出抗议，带着抵制发展情绪的嬉皮士主张要回到自然，而世代住在海边乡下的低收入家庭则希望地价赶快涨起来。这些观点你来我往，有时接近共识，有时分裂论战，但通常会引出下一步该怎么做的决定。

我一直喜欢那些市民大会的运作方式。但直到我读了《全民对话》（*On*

Dialogue），我才完全理解他们的成就。

戴维·博姆（David Bohm）出生于宾夕法尼亚州的威尔克斯-巴雷，是匈牙利和立陶宛犹太人的后裔，家中经营家具店，出身寒微。他就读加州大学伯克利分校时，很快就和一小群理论物理学家打成一片，并接受原子弹之父罗伯特·奥本海默（Robert Oppenheimer）的指导，后者与各国竞争制造原子弹。他在 1992 年 10 月去世，享年 72 岁，被认为是 20 世纪最伟大的物理学家之一。

博姆的本行是量子数学，但他投入了大量心血研究先进文明产生的问题，尤其是核战的可能性。"技术以越来越大的力量继续前进，是福是祸？"他写道，"这些问题的源头是什么？我认为，基本源头是思想。"对博姆来说，解决办法很清楚，那就是对话。1996 年，他撰写了一本关于对话的权威著作。

博姆写道，"交流"，字面上的意思是让事情变得具有共通性。虽然有时候，这种变得具有共通性的过程仅仅涉及与一群人共享一些资料，但更常见的方法是让这群人聚集起来创造一种新的共同的意义。"在对话中，"他写道，"人们都是共享共同意义的参与者。"

163

博姆并非第一个看到对话具有民主潜能的理论家。在 20 世纪大部分时间里，尤尔根·哈贝马斯（Jurgen Habermas）的媒体理论也有类似的观点。对这两者而言，对话是特别的，因为它为一群人提供了一种经由民主创造文化、形成观念的方式。在某种程度上，民主的运作依赖对话。

博姆也看到了对话的另一种用途：它为人们提供了一种了解复杂系统全貌的方式，甚至是他们没有直接参与的部分。博姆说，人的倾向是分割想法和对话，使其碎片成为与整体无关的片段。他以一块摔碎的手表为例：与之前组成手表的零件不同，被摔碎的零件与手表整体没有关系，它们只是支离破碎的玻璃和金属。

正因这种品质，林肯维尔的市民大会才显得特别。即使群组不能总是就未来的方向达成一致，这个过程也有助于描绘一张共享的地图。每个零件都了解我们同整体的关系何在，这反过来又推动民主治理成为可能。

> 一个被算法分类和操纵的公共领域，本质上是零碎的，并且排斥对话。

161

市民大会还有另一个好处在于，它能让我们在碰到突发情况时随机应变。在社交图谱的研究领域，对社区的定义是一组紧密相连的节点——我的朋友不仅认识我，彼此之间也有独立的关系，这样就组成了一个社区。沟通可以建立更强健的社区。

最终，只有公民能够超越狭隘的自身利益去思考，民主才会起作用。但要做到这一点，我们需要对我们共同生活的世界有一个共同的看法。我们需要接触其他人的生活，了解他们的需求和愿望。但过滤泡却把我们推向反方向，它给人的印象是，我们狭隘的私利就是一切。虽然这有利于网上购物，但不利于众人一起改善决策。

约翰·杜威写道，民主的"首要困难"是发现分散的、流动的和多种多样的公众如何认识自己，从而定义和表达自己的利益的方式。在互联网发展初期，很多人对新媒体抱有这样的远大愿景：它最终将提供一个媒介，让整个城镇甚至全国通过对话共同创造文化。但个性化给了我们一些非常不同的东西：一个被算法分类和操纵的公共领域，本质上是零碎的，并且排斥对话。

这就引出了一个重要的疑问：为什么设计系统的工程师要这样编写算法？

第六章 | 你好，世界！

　　系统化不可避免地会涉及一种权变：规则赋予你一定的控制权，但你却失去了对细微差别和质感的感受，领悟不到更深层次的相互联系。而当严格遵循系统化的感知来塑造社会空间时（就像在线上一样），结果就不总是那么美好了。

　　帮助建立一个知情的、积极参与的公民群体，是最吸引人和最重要的工程挑战之一。在这个群体中，人们不仅有工具来帮助管理自己的生活，还要促进和协调社区与社会。解决这个问题需要同时具备技术技能和对人性的理解，这才是真正的挑战。我们需要更多的程序员来超越谷歌著名的口号"不作恶"，我们需要"成好事"的工程师。

　　而且越快越好。就像在下一章要描述的那样，个性化如果继续沿着当前的轨道发展，不久的将来就会比你我想象的更加奇形怪状，更加问题重重。

165

苏格拉底：或者，在船上，若人拥有为所欲为的能力，却无导航的智慧和技能（cybernetics），他和同船的水手们会有何种遭遇，你能看出来吗？

——柏拉图，《大希庇阿斯篇》（*First Alcibiades*），
"控制论"一词最早为人所知的用法

这是程序语言书中的第一段代码，是每个有志于学习编程的程序员最初学到的一句。在 C++ 编程语言中，如下所示：

```
void main()
{
cout < < "Hello,World!" < <
endl;
}
```

虽然不同编程语言的代码不同，但运行的结果是一样的：空白的屏幕上会出现一行文字：

你好，世界！（Hello, World!）

166 这是神对他创造的事物的问候，或者是事物诞生后对造物者的问候。你能体验到新生的喜悦如同一股电流，从指间汇入键盘，流入机器，再回到世界。它是有生命的！

每个程序员的职业生涯都始于"你好，世界！"，并不是一种巧合。通常最先吸引人们去编程的就是创造新宇宙的力量。键入几行或几千行，再敲击一个键，你的屏幕上似乎就出现了生命——一个新的空间展现出来，一个新的引擎在轰轰作响。你如果足够聪明，就可以制造和操纵任何你能

想象的东西。

"我们就是上帝，"未来学家斯图尔特·布兰德（Stewart Brand）在1968年创办的杂志《全球概览》（*Whole Earth Catalog*）封面上①写道，"我们也许能做好这个角色。"布兰德的这份杂志源于"回归土地"运动，是当时加州新兴程序员和计算机爱好者的最爱。在布兰德看来，人类通常受环境支配，但工具和技术却能把人变成控制它的神。电脑是一种可以成为任何工具的工具。

布兰德对硅谷和极客文化的影响超乎想象——尽管他自己不是程序员，但他的远见塑造了硅谷的世界观。正如弗雷德·特纳（Fred Turner）在引人入胜的《从反文化到赛博文化》（*From Counterculture to Cyberculture*）一书中详述的那样，布兰德和志同道合的DIY未来学家都是心怀不满的嬉皮士——他们是社会革命者，对在旧金山海特阿希伯里（Haight-Ashbury）②纷纷涌现的公社心怀不安。他们不愿通过政治改革来建立新世界，因为搞政治需要在妥协和集体决策的混乱中跋涉前行，而他们宁可靠自己来开创属于自己的世界。

在《黑客》（*Hackers*）一书中，史蒂夫·利维（Steve Levy）对工程师文化的崛起见解深刻。他指出，这一理想从程序员自己散播到用户群体中，"每次用户打开机器，屏幕上充满着文字、思想、图片，有时还有无中生有的美妙世界——这样的电脑程序足以让任何人成为神"。（在利维描述的年代里，"黑客"一词没有贬义，违规违法是这个词后来才有的含义。）

这种身为上帝的冲动深植于许多创意行业：画家能勾勒出色彩斑斓的景观，小说家以文字在纸上构建整个社会。但很明显，这些都是虚构出来的东西：一幅画再逼真，也不会回话。但程序可以，并且这种"真实"的幻觉威力强大。以最早的人工智能程序伊莱莎（Eliza）为例，程序内置了很多心理医生式的问题和一些基本的语境线索。学生会花好几个小时和它

---

① 原文在这里确实是"on the cover of"，但经过搜索发现，《全球概览》的封面上并没有这句话，这句话来自其每一期的内封页开篇语。——译者注

② 嬉皮士的圣地。——译者注

谈论他们埋在内心最深处的问题："我和家人之间有一些问题。"学生可能会这样写。伊莱莎会立即回应："跟我多说点你的家庭。"

有些人由于言行古怪或思考方式异于常人，或者两者兼具，被社会排斥，他们尤其容易被这种创世欲望吸引，至少会有两种强烈的冲动。当社交生活太苦闷或太压抑，逃避是一种合理的反应。喜欢设计程序的人，通常也沉迷于角色扮演游戏、科幻和奇幻文学，这种组合或许不是偶然。

168 代码世界可以开创无限扩展的宇宙。而第二个好处就是，你可以完全掌控你的领域。"我们都幻想过，没有规则的生活该有多棒。"锡瓦·瓦德亚纳森说，"我们想象在亚当·桑德勒（Adam Sandler）的电影中，你可以来去自如，还能脱别人的衣服。你如果不认同互惠关系是人类最美好且有价值的事情之一，就会希望有一个地方可以不计后果。"你如果是个高中生，而高中生活专制又压抑，就会无法抵抗自己制定规则的诱惑。

只要你是自己王国的唯一子民，自己制定规则这件事就非常行得通。但像上帝在《创世记》中一样，程序员很快就会感到孤独。他们为自建的世界开设入口，允许他人进入。这样事情就变得复杂起来：一方面在你建构的世界里居民越多，你拥有的权力就越大；但另一方面，新世界里的居民可能会变得傲慢。"程序员想为游戏或系统设置一些规则，让它不受任何干扰地自行运行。"道格拉斯·拉什科夫（Douglas Rushkoff）说。他早期大力支持网络发展，后来成为一位网络实用主义者。"如果你的程序需要有人看管，帮忙执行，那它就不是一个很好的程序，对吧？它应该能够自动运行。"

编码者有时怀有上帝的冲动，他们有时甚至有改革社会的愿望。但他们几乎从未渴望成为政治家。"虽然编程被认为是一个透明、中立、高度可控的领域……在那个领域，生产能带来即时的满足感和一些有用的东西，"纽约大学人类学家加布里埃拉·科尔曼（Gabriella Coleman）写道，"但程 *169* 序员往往认为政治是错误的，太受居间因素影响，受意识形态蒙蔽，而没什么成效。"这种观点当然不无道理。但对于程序员来说，完全回避政治也是一个问题——因为只要人们聚在一起，就会出现纷争，而权力最大的人就会被要求插手裁决，进行管理，这种情况会越来越多。

然而，在讨论这个盲点如何影响我们的生活之前，我们先来看看工程师是如何思考的。

智慧王国

假设你是个中学生，天资聪颖，不善交际，处于社交的边缘。你不但被成年人的权威孤立，还和许多青少年不同，被同辈建立的权力架构排除在外，孤独又边缘。系统和方程是直观的，人却不是——社会信号纷乱无序令人困惑，还难以解释。

后来你发现了电脑程序。你可能在午饭餐桌上无能为力，但代码给了你力量，让你可以在一个无限延展的世界里大展手脚，一个彻底明朗、井然有序的符号系统朝你敞开了大门。你再也不用和同龄人抢位子，争地位。父母的唠叨声也消失了。只有一个干净的白色页面需要你去填满，有机会重新开始建设一个更好的地方，一个属于自己的家。

难怪你会成为极客。

这并不是说极客和软件工程师没有朋友，甚至社交能力低下。但是成为一名程序员有一个隐含的承诺：让自己成为符号系统的学徒，学会仔细理解支配它们的规则，而你将获得操纵它们的权力。你在现实中越感到无力，这个承诺就越有吸引力。史蒂夫·利维写道："黑客行为不仅让你对系统有所了解，而且是会让你上瘾的控制，同时还让你产生了一种错觉，认为只要再加几个功能，就可以实现完全控制。"

正如人类学家科尔曼所指出的那样，除了体育生和书呆子的刻板印象之外，实际上还有很多不同种类的极客文化。有的极客是开放软件倡导者，最著名的是 Linux 操作系统创始人莱纳斯·托瓦尔兹（Linus Torvalds），他花了大量时间与人合作为大众制作自由软件工具。还有的极客是硅谷创业家。有反垃圾邮件的狂热分子，他们在网上组织起来，扫荡和关闭"伟哥"供应商。除此之外也有恶势力，如狂发垃圾邮件者，花时间利用科技来整蛊别人找乐子的"巨魔"，以破解电信系统为荣的"飞客"，只想证明政府系统并非百毒不侵的黑客。

这样的概括跨越了不同的领域和社群，很难准确，也会沦为刻板印象。但这些亚文化的核心共享了一种看待和控制世界权力的方式，这种方式影响了在线软件的设计和制作。

贯彻这一方式的重点是系统化。几乎所有的极客文化都被构建成一个智慧帝国，主宰这个帝国的是智慧而非魅力。内在效率比外观更重要。极客文化以数据为驱动力，以现实为基础，重视内涵胜过格调。幽默有着突出的作用——正如科尔曼所指出的，笑话展示了一种能力，如同用优雅的方案解决一个棘手的编程问题一样，对语言的操纵是一种精湛的技巧。（事实上幽默也能拆穿对权力盲从的荒谬，这无疑也是编程能力的诱惑之一。）

系统化特别具有吸引力，因为它不仅仅在虚拟世界拥有权力，它还提供了一种理解和驾驭社会现状的方式。当我还是一个 17 岁的笨拙少年时，不善交际的我沉迷于所有的极客体验：奇幻书籍、内向腼腆、沉迷于超文本标记语言和 BBS，我从东海岸飞到西海岸，去接受一份不适合我的工作。

大三那年，在惶恐中我申请了所有可能找到的实习岗位。有一个位于旧金山的反核武装团体回复了我，我没有进一步了解调查就报了名。直到我走进他们的办公室，我才意识到我报名成为了一名劝募员。我想不出还有什么工作比劝募员更不适合我的了，但因为没有其他工作机会，我决定硬着头皮接受培训。

培训师解释说，劝募既是一门科学，也是一门艺术。劝募的规则有强大的效果。要和对方有眼神交流。要说明为什么这个问题对你很重要。请求对方捐赠后，你要闭嘴，让对方讲第一句话。我听得入迷：虽然向人们要钱很可怕，但培训暗示了一种潜在的逻辑。我把规则牢记在心。

当我走在帕洛阿尔托住宅区，踏过第一家人的草坪，我的心提到了嗓子眼。我站在陌生人的家门口，想让人捐 50 美元。门开了，一个头发花白神情被惊扰的女人向外窥探。我深深地吸了一口气，开始我的演讲。我提了要求，然后静候。接着她点点头，转身去拿支票簿。

我内心的欣喜不是因为这 50 美元，而是关于一个更大的承诺——混乱嘈杂的人类社会生活居然可以被简化为我能理解、遵循和掌握的规则。与陌生人交谈对我来说从来都不是自然而然的事情，我不知道该说些什么。但让一个素未谋面的人信任我，给我 50 美元，其中隐藏的逻辑必定只是冰山一角。那年夏天结束时，我漫步在帕洛阿尔托和马林郡的住宅区，我是一名劝募大师。

系统化是建立实用软件的一个好方法。用量化的科学方法来观察社会能给我们带来许多洞悉人类现象的深刻见解。丹·艾瑞里研究我们每天会做出的"可预测的非理性的"决定，他的发现可以帮助我们改善决策。OkCupid. com 是一个算法驱动的约会网站，它的博客栏目帮助人们识别往来的电子邮件模式，让他们成为更好的约会对象（比如以"你好"开场，比"嗨"更有效）。

但是这种方法走得太远也有危险。正如我在前文讨论过的，最为人类的行为往往是最不可预测的。由于大部分时间系统化在顺利运行，人们很容易相信，任何系统，只要简化理念，用蛮力去破解，你就可以控制它。作为一个自创宇宙的主人，你很容易开始将他人视为达到目标的工具，把人视为可以在试算表上操纵的变量，而不是会呼吸、能思考的真人。既要系统化又要顾及人类生活的完整性非常困难，人类是那么不可预测、情感复杂，同时还有惊人的怪癖。

耶鲁大学计算机科学家戴维·格莱特曾收到过炸弹客（Unabomber）的包裹，虽然勉强幸存下来，但是视力和右手功能永久受损。炸弹客特德·卡钦斯基（Ted Kaczinski）以为格莱特倡导科技乌托邦，但事实并不是这样。

"当你在公共领域干些什么时，"格莱特告诉记者，"你应该了解一些关于公共领域的情况。这个国家是怎么变成这样的？技术和公众之间的关系是如何演进的？政治交流的历史是怎样的？但问题是，黑客们通常不了解这些。这就是为什么让这些人掌

> 最为人类的行为往往是最不可预测的。系统化不可避免地会涉及一种权变：规则赋予你一定的控制权，但你却失去了对细微差别和质感的感受，领悟不到更深层次的相互联系。而当严格遵循系统化的感知来塑造社会空间时（就像在线上一样），结果就不总是那么美好了。

控公共政策会让我感到担心。不是因为他们不好，而是因为他们缺乏教育。"

这个世界混乱且复杂，如果能够理解其规则，就可以世事洞明、人情练达。但系统化不可避免地会涉及一种权变——规则赋予你一定的控制权，但你却失去了对细微差别和质感的感受，领悟不到更深层次的相互联系。而当严格遵循系统化的感知来塑造社会空间时（就像在线上一样），结果就不总是那么美好了。

新型建筑师

长期以来，对于城市规划者来说，设计中的政治力量是显而易见的。你如果从韦斯特伯里村去纽约长岛的琼斯海滩，走万塔格州立公园大道，每隔一段时间就会经过几座低矮的藤蔓植物覆盖的天桥，其中一些只有 9 英尺高。这条公园大道不允许卡车通行——天桥的高度不适合卡车通过。表面上看这是设计上的疏忽，但事实并非如此。

在纽约地区大约有两百座这样的矮桥，这是罗伯特·摩西（Robert Moses）首创的宏伟设计的一部分。摩西是一个谈判高手，和当时的大政治家们私交甚笃，也是一个毫不掩饰的精英主义者。根据他的传记作者罗伯特·卡罗（Robert A. Caro）的说法，摩西对琼斯海滩的设想是中产阶级白人家庭专属的度假岛屿。摩西把矮桥加进公路，让纽约低收入人群（主要是黑人）更难到达海滩，因为贫民区居民最常使用的交通工具是公共汽车，而公共汽车无法通过天桥。

卡罗在《权力掮客》（*The Power Broker*）一书中描述的这种逻辑引起了《滚石》杂志记者兰登·温纳（Langdon Winner）的注意，后者也是位音乐人、教授和技术哲学家。1989 年，温纳发表了一篇名为《文物也能搞政治吗?》（Do Artifacts Have Politics?）的关键性文章，探讨摩西的"钢筋水泥的巨型结构如何体现了一种系统性的社会不公，这种人与人之间的工程关系在一段时间后就逐渐融入了风景"。

从表面上看，桥只是桥。但正如温纳指出的，建筑和设计决策通常不仅是美学的，也有政治考量。就像水族箱里的金鱼长得再大，也不会超出水族箱的尺寸，人类也是受制于客观环境的生物：我们的行为方式部分取决于我们所处的环境状态。在公园设置一个游乐场还是建起一座纪念碑，是两种完全不同的作用。

175

极客们有时称网络空间之外的世界为"肉身空间"或离线世界，当我们花更多的时间在网络空间而不在"肉身空间"时，摩西造桥的理念更加值得我们省思。谷歌和脸书的算法可能不是由钢铁水泥构成的，但它们照样可以规范我们的行为。这就是法学教授、网络空间早期的理论家之一拉里·莱西格那句著名的"代码就是法律"所要表达的意思。

如果代码就是法律，软件工程师和极客就是编写法律的人。这种法律很奇怪，不由任何司法制度或立法委员会创立，却几乎可以完美地立即执行。在现实世界，虽然法律禁止民众随意损毁他人财产，但是你若看哪家商店不顺眼，照样可以扔块石头去砸窗户，还可能逃脱法律制裁。在网络世界，如果恶意破坏不是设计的一部分，那就完全不可能实现了。想把一块石头扔进虚拟店铺，你只会得到一个错误提示。

早在1980年，温纳写道："有意识或无意识地，刻意地或无意地，社会选择的技术结构会在很长一段时间里影响人们如何工作、交流、旅行、消费等。"当然这并不是说现在的设计师都有恶意冲动，也不是说他们总是摆明试图要以某种方式塑造社会。只是说，事实上，他们总是忍不住去塑造他们构建的世界。

套用蜘蛛侠之父斯坦·李（Stan Lee）的话说，权力越大，责任越大。但是给我们带来互联网和过滤泡的程序员们并不总是愿意承担这一责任。

176

黑客文化的网络储存库《黑客行话》（*Hacker Jargon File*）曾这样说："与非黑客相比，黑客更有可能具有这两种倾向，要么激进地誓死不碰政治，要么就是怀抱奇思狂想的特殊政治理念。"最常见的例子是，脸书、谷歌和其他具有深远社会影响力的公司高管们喜欢做两面派：当

> 如果代码就是法律，软件工程师和极客就是编写法律的人。这种法律很奇怪，不由任何司法制度或立法委员会创立，却几乎可以完美地立即执行。

他们觉得合适时，他们是社会革命者；当不合适时，他们是中立的、不涉及道德观念的商人。但这两种立场都有重大缺陷。

两面派

当我第一次给谷歌公关部打电话时，我解释说我想知道谷歌是如何看待其极大的信息筛选和策展权力的。我问，谷歌决定向谁展示什么信息的道德准则是什么？电话另一端的公共事务经理听起来很困惑："你指的是隐私权吗？"不，我说，我想知道谷歌是如何看待它的编辑权的。"哦，"他回答，"我们只是给人们提供最相关的信息。"事实上他暗示，筛选过程没有涉及或要求任何道德规范。

我追问：如果一个"9·11"阴谋论者搜索关键词"9·11"，谷歌是向他展示《大众机械》（*Popular Mechanics*）中拆穿阴谋论的文章还是显示支持阴谋论的电影？哪个更相关呢？"我明白你的意思，"他说，"这是一个有趣的问题。"但是我从没得到过一个明确的答案。

正如《黑客行话》中对黑客的定义，大多数时候，工程师们对认为他们的工作会带来道德或政治后果的想法非常排斥。许多工程师自认只对效率和设计感兴趣，对制造酷炫的东西感兴趣，不想被扯进混乱的意识形态争论和不成熟的价值观之中。的确，即便能设计出某种让视频输出速度加快的引擎，也不太可能产生什么政治影响。

但有时，这种态度会接近"枪不杀人，人杀人"的心态——故意无视他们的设计会如何影响数百万人的日常生活。脸书通过把一个按钮命名为"赞"就能导致资讯排序大翻转。谷歌原本只用网页排名算法来筛选网页，现在转向网页排名和个性化的结合，这代表着谷歌对相关性和意义的理解发生了转变。

企业人士把改变世界的说法挂在嘴上，如果不是怕自扇耳光，他们就一定会说，这与道德无关。谷歌要整合全世界的资讯，让每个人都能获取，这一使命有着鲜明的道德意念甚至是政治内涵——要以民主的方式重新分配知识，让知识从封闭的精英人群流向民众。苹果在市场上销售设备时，会以关于社会变革的华丽辞藻以及承诺，向消费者传递这样一个理念：它们不仅会彻底改变你的生活，也会彻底改变我们的社会，带来社会变革。［苹果宣布发布麦金塔电脑时，在著名的超级碗（Super Bowl）比赛中打出的广告的最后一句是"1984 年必定不会像《1984》"。］

脸书自诩为"社交公共事业"，好像它是一家 21 世纪的电话公司。但当用户抗议脸书不断改变隐私政策，侵犯用户隐私时，扎克伯格经常对此不屑一顾并且以"买者自慎"的姿态表示，如果你不想使用脸书，就没人强迫你用。很难想象一家大型电话公司会说："我们会把你的电话内容公之于众，你如果不喜欢就不要用电话。"

谷歌倾向于更加明确地向公众进行道德表态，它的座右铭是"不作恶"（don't be evil）。而脸书的非官方座右铭是"别太差"（don't be lame）。尽管以道德派自居，谷歌的创始人有时也为自己打圆场。"有人说谷歌是上帝，其他人说谷歌是撒旦。"谢尔盖·布林说，"但如果他们认为谷歌太强大了，那么请记住，与其他公司不同的是，使用搜索引擎时，只需点一下鼠标，就可以轻松跳去另一家搜索引擎。用户来谷歌是因为他们选择使用谷歌。我们不会欺骗他们。"

布林说的当然有道理：没人逼你用谷歌，就像没人被迫在麦当劳吃饭一样。但这一论点也有一些令人不安的地方，数十亿用户依赖谷歌提供的服务，同时为谷歌带来几十亿的广告收入，但布林却最大限度地减少了他对用户的责任。

更糟糕的是，当有人质疑他们的工作对社会造成了冲击时，网络世界的首席建筑师们通常会引用技术决定论来自我辩护。锡瓦·瓦德亚纳森指出，技术专家很少说"可能"发生或"应该"发生，而是说"将会"发生。"未来的搜索引擎将会是个性化的，"谷歌副总裁玛丽萨·迈耶用被动语态说。

正如一些马克思主义者所认为的那样，一个社会的经济条件必将推动社会从资本主义阶段朝着全球社会主义方向前进。工程师和技术决定论者也有类似想法，他们认为技术已经走上了一条既定的道路。Napster 的创始人之一、脸书早期的浪子总裁肖恩·帕克（Sean Parker）告诉《名利场》（*Vanity Fair*）杂志，他为黑客的行为所吸引就是因为"这是在重建社会。推动社会大规模变革的真正动力是技术，而不是商业或政府"。

《连线》杂志的首任编辑凯文·凯利（Kevin Kelly）写过一本书叫《技术想要什么》（*What Technology Wants*），这可能是最为大胆地阐述了技术决定论的一本书，书中断言技术是"生物的第七界"，是一种具备欲望和倾向的元有机体。凯利将其称为"技术体"（technium），认为它比任何血肉之躯都要强大。最终，技术体"想要"吞噬权力，扩展选择范围，无论我们愿不愿意，它都会得到它想要的东西。

对于企业新贵来说，技术决定论既有吸引力，用起来又方便，因为这可以让自身免责。像祭坛上的牧师一样，他们推说自己只是某种更大力量的容器，抵抗是徒劳的。因此他们不需要担心自己创造的系统会有什么影响。然而技术并不能自动解决每一个问题。如果可以，供给过剩的世界上就不会有无数濒临饿死的饥民。

这就是为什么软件新贵们在表述他们的社会与政治责任时出现前后矛盾了。这种张力无疑在很大程度上源于一个事实，即在线业务的本质是为了尽快扩大规模。一位年轻的程序员一旦踏上成功与暴富之路，就没太多的时间来充分考虑这一切到底意味着什么。风险投资者在脖子后面吹风，催促你快点"货币化"，更加压缩了他们思考社会责任的空间。

500 亿美元的沙堡

创业孵化企业 Y Combinator 每年都会举办一次为期一天的会议，会议名为"创业学校"（Startup School），邀请成功的科技企业家来分享心得，把创业的智慧传递给雄心勃勃而又目光明亮的 Y Combinator 投资新秀们。会议通常邀请许多硅谷当红首席执行官来演讲，2010 年位居邀请名单榜首的是马克·扎克伯格。

　　扎克伯格台风亲和，穿着黑色 T 恤和牛仔裤，现场观众显然非常支持他。但当访谈者杰西卡·利文斯顿（Jessica Livingston）提起那部让他家喻户晓的电影《社交网络》（*The Social Network*）时，他的表情五味杂陈。"有趣的是他们的关注点，"扎克伯格开始说，"比如，在电影里，主角穿的每一件衬衣和帽衫都和我每天穿的一模一样"。

　　但小说和现实之间存在着惊人的差异，扎克伯格接着说，那就是他的动机是如何被描述出来的。"按照他们的框架，好像我创办脸书，写程序，全部原因就是我想追女生，或者想进入某个社交圈子。事实上，认识我的人都知道，我现在的女朋友和我在创建脸书之前的女朋友是同一个人。这是一个很大的脱节……拍电影的可能无法理解怎么会有人只是因为喜欢创造事物而去建造东西。"

　　不排除某种可能，即这段话也许只是脸书公关精心策划的台词。也毋庸置疑，这位 26 岁的亿万富翁的雄心壮志是创造帝国。但我的直觉认为，这段评论很坦率：程序员与艺术家、工匠们类似，创作本身通常是对他们最好的回报。

　　脸书有不少缺点，创始人对自己身份的看法也很成问题，但这并不是因为扎克伯格具有反社会的思维或报复心重。更有可能的是，这是像脸书这样成功的初创公司造成的奇特局面所带来的自然结果，那就是，一个 20 多岁的毛头小伙忽然发现，在短短 5 年内，自己就坐拥了对 5 亿人的权威影响力。就像某天你在沙滩堆沙堡，一眨眼你的沙堡价值 500 亿美元，而世界上每个人都想分一杯羹。

　　当然，在商界还有更糟糕的人格，把我们的社交生活交给他去管理，还是说得过去的。极客们通常会尊重规则，做事有原则，遇到问题会仔细考虑，遵循为自己设定的规则，即便遇到社会压力还是会坚持。"他们对权威持怀疑态度。"佩奇和布林以前的老师，斯坦福大学的特里·威诺格拉德（Terry Winograd）教授这样说他们俩，"他们如果看到世界朝着有别于他们想法的方向发展，那么比较可能说'其他什么地方错了'，比较不会说'也许我们需要重新考虑'。"

能够激发科技初创企业的最好特质，是积极进取，带点傲慢，有志于建立帝国，当然还要有卓越的系统化技能。身为工程师，具备这些特质是没问题的，但要统治世界可能就有点麻烦。像风靡全球的流行歌星一样，打造新世界的工程师并非都做好了心理准备，在自己建造的世界里人头攒动时担负起治理新世界的重任。他们对其他人掌权极度不信任，往往自恃理性高人一等，可以不受权力约束。

但可能存在的问题是，这就把太多的权力托付给了一小群同质化程度太高的人。起初，媒体人坚决追求真相，但成为媒体大亨和总统知己之后，他们失去了对真相的执念，增进社会福利的动机让位于如何抬升股价；无论如何，现行制度的一个后果是，我们最终可能会将大量的权力交给那些思想过于偏执、政治理念不成熟的人手中。扎克伯格的早期投资者和导师之一彼得·蒂尔（Peter Thiel）就是个例子。

蒂尔在旧金山和纽约都有顶层公寓，开的是银色鸥翼迈凯轮，世界上最快的跑车。他拥有脸书大概5%的股份。尽管蒂尔长得年轻英俊，但看起来总是闷闷不乐，或者他只是陷入沉思。在少年时期，蒂尔是国际象棋的高级棋手，差一点就晋级大师。"玩到走火入魔时，国际象棋会成为平行宇宙，棋手会忘记真实的世界。"他接受《财富》（Fortune）杂志采访时说，"我的棋艺当时已经接近极限了，再练下去，肯定会牺牲掉很多人生其他领域的收获。"高中时期，他读了索尔仁尼琴（Solzhenitsyn）的《古拉格群岛》（Gulag Archipelago）和托尔金（J. R. R. Tolkien）的《指环王》系列，认识到了权力腐败和极权主义的情形。在斯坦福读大学时，他创办了一份自由意志主义的报纸《斯坦福》（The Stanford），宣扬自由的福音。

1998年，蒂尔与朋友一起创业，就是后来的PayPal，2002年以15亿美元将其出售给易趣。如今，蒂尔经营着一家资产数十亿美元的对冲基金克莱瑞姆（Clarium）和一家风险投资公司创立者基金（Founder's Fund），后者在整个硅谷寻找值得投资的软件公司。蒂尔投资眼光独到，在硅谷颇具传奇色彩，最明显的就是投资脸书，他是该公司的第一个外部投资者。（他也会犯错，克莱瑞姆近年来损失数十亿美元。）但对蒂尔来说，投资不仅仅是赚钱，而且是一种志业。"通过开创新的互联网业务，企业家也可能创造一个新世界。"蒂尔说，"互联网的希望是，这些新世界将影响现有的社会和政治秩序，并迫使它们发生变化。"

蒂尔希望看到什么样的变革，不禁令人生疑。尽管许多亿万富翁对自己的政治观点相当谨慎，但蒂尔一直直言不讳。蒂尔的观点相当奇特，像他这样想的人可能少之又少。"一般而言，人生有两件不可逃脱的事，死亡和纳税，彼得想终结这两样。"曾经和蒂尔有过合作的帕特里·弗里德曼（Patri Friedman，经济学家弗里德曼的孙子）告诉《连线》杂志，"我的意思是，这目标也太高了吧！"

蒂尔在崇尚自由意志论的卡托研究所的网站上发表了一篇文章，描述了他为什么会认为"自由和民主不再相容"。他写道："自 1920 年以来，社会福利受益者大量增加，女性选举权扩大，这两种族群最排斥自由意志，这使得'资本主义民主'的概念陷入自相矛盾的境地。"他接着概述了他对未来的希望：进行太空探索，建立"海上家园"（sea-steading，在公海上建立可移动的微国家）以及网络空间。蒂尔已经向基因测序和延长寿命的技术投入了数百万美元。他还专注于为"奇点"做准备，一些未来学家相信，几十年后，人类和机器可能会融合，奇点就会来临。

181

在一次采访中，蒂尔表示，如果奇点到来，那么大家最好是站在计算机的一边："我们当然希望它们（人工智能计算机）会对人类友好。到那时，我不认为你会想成为一个敌视计算机并靠反对计算机谋生的人。"

尽管这一切听起来有点天马行空，但蒂尔并不在意。他把眼光放得很长远。"技术是决定 21 世纪进程的核心。"他说，"有些方面技术是伟大的，有些方面技术是可怕的，对于哪些技术需要培养，哪些技术需要谨慎对待，人类必须做出一些真正的选择。"

当然，彼得·蒂尔有权拥有他独特的观点，但这些观点值得我们关注，因为它们越来越多地塑造了我们生活的世界。除了马克·扎克伯格之外，脸书董事会只有四个人，蒂尔是其中之一，扎克伯格公开称他为导师。扎克伯格在 2006 年接受彭博新闻（Bloomberg News）采访时说："他帮助塑造了我对企业的看法。"正如蒂尔所说，我们要对技术做出一些重大的决定。至于这些决定是如何做出来的呢？"我很怀疑，"他写道，"投票会让事情变得更好吗？"

"你在玩什么游戏？"

185 当然，并非所有工程师和极客都认同彼得·蒂尔对民主和自由的看法，蒂尔绝对是个异数。克雷格·纽马克（Craig Newmark）是免费分类网站克雷格列表的创始人，他大部分时间在为"极客价值观"辩护，包括服务精神和公益精神在内。维基百科的吉米·威尔士（Jimmy Wales）和编辑们致力于让人人都有机会免费获得人类的知识。由于民主的理念建立在有知识、有能力的民众基础上，我在脸书上扩展人际关系，谷歌让我轻易搜寻到大量本来难以获得的学术文献和公共资讯，过滤器巨人在这方面做出了巨大贡献。

然而工程师们还可以为强化互联网上的公民空间再加把力。为了了解未来的发展方向，我访问了斯科特·海夫曼（Scott Heiferman）。

海夫曼是 MeetUp.com 网站的创始人，他言语温和，有点像美国中西部人，而他就在伊利诺伊州的霍姆伍德长大，这是芝加哥郊区的一个小镇。"把它称为郊区其实高攀了。"他说。他的父母是开油漆店的。

十几岁时，海夫曼如饥似渴地阅读关于史蒂夫·乔布斯的资料，津津有味地看乔布斯是如何通过询问一位百事可乐的高管"是想改变世界还是卖糖水？"来吸引他的故事。他告诉我，"从小到大，我对广告爱恨交加"。20世纪90年代初，海夫曼白天在艾奥瓦大学学习工程学和市场营销，晚上

186 主持一个名为《胡编广告》（*Advertorial Infotainment*）的广播节目。在节目中，他会将广告剪接、混音到一起，形成一种声音艺术。他把编好的节目放在网上，鼓励人们自行混音后投稿。索尼公司发现了他的才华，请他来管理网站，这就是他的第一份工作。

在担任索尼多年的"互动营销先锋"后，海夫曼创立了网络广告公司

i-traffic，不久就成为像迪士尼和英国航空公司这类客户的代理商，这也是早期的几家大网络广告公司之一。尽管公司发展迅速，但海夫曼还是不满意。在他名片的背面，写着一条使命宣言：让人们与他们喜爱的品牌对接起来。但他越来越不确定这是否值得——也许他也是在卖糖水。他于 2000 年离开了公司。

一直到 2001 年，海夫曼一直处于沮丧之中。"我那时候可以说陷入了你说的那种忧郁。"他说。"9·11"袭击发生时，他一听说世贸大厦受到恐怖袭击，就立即跑上了自己曼哈顿下城的住宅楼顶，惊恐地看着这一幕。"接下来三天，我和更多陌生人交谈，"他说，"比在纽约生活的前五年加起来的还要多。"

袭击发生后不久，海夫曼偶然看到一篇博客文章，这完全改变了他的生活。文章认为，尽管恐怖袭击非常可怕，但这可能会让美国人重新回到他们的公民生活中来，文章还引用了畅销书《独自打保龄》的内容。海夫曼去买了一本，从头读到尾。"我被这个问题迷住了，"他说，"我们是否可以利用技术来重建和强化社区呢？"他的回答就是 MeetUp.com，一个让当地团体更容易面对面交流的网站。如今，MeetUp 为 7.9 万多个这样的当地团体提供服务。比如在奥兰多有武术 MeetUp，巴塞罗那有城市精神 MeetUp，休斯敦有黑人单身 MeetUp。海夫曼的心情也变得开朗起来。

"我在广告行业学到的是，"他说，"人们可以埋首做事很久，而不问自己应该把才华发挥到哪里。比如你在玩游戏，你知道玩游戏的目的是要赢。但你在玩什么游戏？你在完善什么？你如果是开发手机应用程序的人，只希望有更多人下载你的 App，那么还不如写一个搞怪的放屁 App。"

"我们不需要更多的东西，"他说，"真人比 iPad 更神奇！媒体再厉害，也比不上你们的关系，你们的友谊，你们的爱情。"虽然还是很低调，但海夫曼这么说已经很激动了。

科技应该做一些有意义的事，充实人们的生活，解决我们当前面临的重大问题，这个观点看起来轻松，做起来就不那么容易了。MeetUp 服务的是一般性团体，海夫曼还为纽约科技圈设立了一个 MeetUp，这是一个上万

> 无论好坏，程序员和工程师在塑造我们社会的未来方面有着非凡的能力，他们可以利用这种力量来帮助我们解决这个时代的大问题。但是做个两面派就不真诚了——当你可以自吹自擂时，就声称你的企业伟大又善良，时机一不合适，就说你只是一个卖糖水的。

名软件工程师组成的小组，每月聚会一次，预览即将上线的网站。在最近的一次会议上海夫曼慷慨激昂地呼吁与会者集中精力解决重要的问题，包括教育、医保和环保。这没有得到很好的回应，事实上，海夫曼差点被嘘下台。"我们只是想做些酷的事情，"海夫曼后来告诉我，"会员说，不要拿这些政治话题来烦我。"

技术决定论者喜欢暗示说科技性本善。但是不管凯文·凯利怎么说，技术并不比扳手或螺丝刀更仁慈。只有人们让它做好事，把它用在正道上，它才是好的。研究技术史的梅尔文·克伦茨伯格（Melvin Kranzberg）教授30年前说得最贴切，他的陈述现在被称为克伦茨伯格的第一定律："技术没有善恶，也并非中立。"

无论好坏，程序员和工程师在塑造我们社会的未来方面有着非凡的能力，他们可以利用这种力量来帮助我们解决这个时代的大问题。但是做个两面派就不真诚了——当你可以自吹自擂时，就声称你的企业伟大又善良，时机一不合适，就说你只是一个卖糖水的。

事实上，帮助建立一个知情的、积极参与的公民群体，是最吸引人和最重要的工程挑战之一。在这个群体中，人们不仅有工具来帮助管理自己的生活，还要促进和协调社区与社会。解决这个问题需要同时具备技术技能和对人性的理解，这才是真正的挑战。我们需要更多的程序员来超越谷歌著名的口号"不作恶"，我们需要"成好事"的工程师。

而且越快越好。就像在下一章要描述的那样，个性化如果继续沿着当前的轨道发展，不久的将来就会比你我想象的更加奇形怪状，更加问题重重。

第七章 | 被迫照单全收

　　在个性化无处不在的未来，好处不胜枚举。智能设备的普及，从吸尘器、灯泡到相框，可以随时随地为我们创造百分百如你所愿的环境。这是好的一面。但有所得必有所失。个性化提供了方便，但你需要把一些隐私和控制权交给机器。

　　技术为谁工作？如果以史为鉴，可知我们可能不是主要客户。随着科技越来越善于左右我们的注意力，我们需要密切关注它把我们的注意力引向何方。

189

要详细分析数百万人做的复杂事情，计算机肯定忙不过来。

——计算机先驱万尼瓦尔·布什（Vannevar Bush），1945 年

所有能搜集的数据都已经搜集完毕了。但这么多资料，仍有待进一步相互比对，以挖掘所有可能的交互关系。

——艾萨克·阿西莫夫（Isaac Asimov）的
短篇小说《最后的问题》（*The Last Question*）

我最近在脸书上收到一份朋友申请，名字我不认识，只知道是一个玲珑有致的女孩，长着一双大眼睛和浓密的睫毛。我点击了她的账户，看了她的简介，想知道她究竟是谁（好吧我承认，我也想再看仔细一点）。但我并没有发现更多的线索，只是感觉这是我有可能会认识的某一类人。她有一些和我相同的兴趣爱好。

我又看了看她的眼睛。哎，有点太大了吧。

190

我再仔细端详了一下，我意识到其实她的资料照片不是相片，而是一个三维图形程序渲染出来的图。世界上没有这个人。这个对我有吸引力的潜在朋友是一个软件虚构出来的假人，通过朋友间的联系从脸书用户那里采集数据。甚至她罗列出的喜欢的电影和书籍，似乎也是从她"朋友们"的资料中整理出来的资讯。

因为没有更贴切的说法，暂且让我们称她为"广告分身"（advertar）吧，一个具有商业目的的虚拟存在。随着过滤泡越来越厚，越来越难以刺破，广告分身具有强大的适用性。我如果只从程序和朋友那里获取信息，最容易引起我注意的可能就是程序编写出来的朋友。

个性化技术在将来只会变得越来越强大。传感器能接收新的个人信号和数据流，更加深入地嵌入日常生活的表面。谷歌和亚马逊之流的云服务器会持续增长，而内部处理器会继续缩水；计算能力将被释放出来，对我们的偏好甚至我们的内部生活做出越来越精确的猜测。个性化的"增强现实"技术将覆盖我们对现实世界的体验，而不只是覆盖数字世界。尼古拉斯·尼葛洛庞帝的智能代理也可能卷土重来。"市场是强大的动力，"联合创立了太阳计算机系统公司（Sun Microsystems）的传奇程序员比尔·乔伊（Bill Joy）说，"他们能很快地带你去个地方。如果那儿不是你想去的地方，你就有麻烦了。"

2002 年，科幻电影《少数派报告》（*Minority Report*）中出现了个性化的全息广告，这些广告在街道上向行人推销，步步相随。在东京，第一个"少数派报告"式的个性化广告牌已经出现在日本电气公司总部的外立面上（暂时还没有全息摄影）。它由该公司的"面板指挥"（PanelDirector）软件提供动力，能扫描路人的面部，与数据库里存储的一万张照片进行匹配，猜测路人的年龄和性别。当一位妙龄女郎走到显示屏前时，它会立即做出反应，展示为她量身定制的广告。IBM 也开发了一种概念机，能从远处读取观众的身份证，通过直呼观众姓名来打招呼。

戴维·希尔兹（David Shields）在《渴望现实》（Reality Hunger）中阐述了艺术家们的一种新兴趋势，他们正在"将越来越大的'现实'块融入他们的作品中"，这是一篇完全由文本片段和改写后的引文组成的长篇论文，篇幅无异于一本书。希尔兹截取的影视样本范围广泛，包括：电影《女巫布莱尔》（*The Blair Witch Project*）、《波拉特》（*Borat*），情境喜剧《消消气》（*Curb Your Enthusiasm*）；卡拉 OK，VH1 频道的《乐坛背后》（*Behind the Music*），民众自制频道；音乐专辑《阿姆秀》（*The Eminem Show*）和《每日脱口秀》（*The Daily Show*），混合真纪录片和伪纪录片。他说，这些是当代最具生命力的艺术形式，是新型艺术的一部分，特征是"刻意不艺术"和"模糊虚构和非虚构之间的任何区别（模糊到看不见的程度），以真实为诱饵，模糊真实"。在希尔兹看来，"看起来是真的"才是艺术的未来。

艺术如此，技术亦然。个性化的未来，包括计算机本身，也是真实同虚拟的奇怪混合。在未来，不管是城市还是卧室，所有的空间都展现出研究者所说的"环境智能"（ambient intelligence）。我们周围的环境会依据我们的喜好发生变化，甚至能够配合我们的心情。广告主将开发出更强大和更扭转现实的方式，确保消费者看到它们的产品。

换句话说，现在我们还能离开电脑，摆脱过滤泡，而在未来，这种日子屈指可数。

盖达尔的机器人

斯坦福大学法学教授瑞安·卡洛经常思考机器人的问题，但他思考的不是赛博人和机器人的未来。他对 Roombas 小型真空扫地机器人更感兴趣。市面上的机器人被买回家，主人给它起个名字，把它当作宠物。他们喜欢看这个小玩意在房间里四处游走。扫地机器人激起情感反应，人们甚至想和它建立关系。再过几年，这类消费电子产品会逐渐充斥市场。

类人机器逐渐在日常生活中普及，在个性化和隐私方面给我们带来了新的困境。无论是虚拟事物（广告分身）还是真实物体（类人机器），都是"人性化"的产品，都能引发强烈的情绪。当人类开始和机器进行心灵交流时，我们可能会卸下心理防备，对它们毫不掩饰，直抒胸臆。

类人面孔的出现能改变行为，使人们的言行更合乎公共场所的要求。卡洛指出，一方面，当被虚拟警察询问时，人们不太会自愿提供私人信息，而填表反而可能透露更多信息。这也是智能代理一开始没什么效果的部分原因：在许多情况下，人们如果觉得他们是私下把个人信息输入了一台非人机器，而不是与人分享，那么更容易透露个人信息。

另一方面，哈佛大学的研究人员特伦斯·伯纳姆（Terence Burnham）和布赖恩·黑尔（Brian Hare）做过一个游戏实验，他们给志愿者看一些照片，让志愿者决定是否给它捐钱。长相友好的机器人基斯梅特使捐款增加了30%。类人中介让人闭口不谈私事，因为它们让我们感觉好像真人就在身边。对于独居老人或住院康复的孩子来说，虚拟朋友或机器人可以极大地缓解孤独和无聊。

这都是好事。但类人中介也具有左右我们行为的力量。卡洛写道："程序被设置成是彬彬有礼的还是有个性的，会对受试者产生显著的影响。受试者会据此变得有礼貌，更随和，其他言行也会受影响。"因为它们能和真人交流，所以能套取我们从未打算泄露的隐私。例如，如果把它设计成一个懂得打情骂俏的机器人，它们说不定就能抓住人们潜意识中的线索比如视线、肢体语言，进而快速识别受试者的个性特征。

卡洛说，这里的挑战在于人们很难记得类人软件和硬件根本不是真人。广告分身或机器人助手可以访问互联网上关于你的全套个人资料，它们可能比你最好的朋友更精确地了解你。随着说服特征和用户画像的改善，它们的心思会越来越缜密，对如何改变你的行为越来越在行。

说到这儿，让我们回到广告分身上。在一个注意力有限的世界里，栩栩如生尤其是像人类一样的信号会脱颖而出，我们天生就会去关注它们。忽视广告牌而去看一个喊你名字的帅哥靓妹，这再自然不过了。因此，广告主很可能会决定投资先进技术，让类人广告进入社交空间。下一个在脸书上和你交朋友的有魅力的男人或女人，可能只是一个卖薯片的广告。

正如卡洛所说："人类一路进化，与之相适应的不是20世纪的科技。人脑在这样的世界中进化：只有人类表现出丰富的社交行为，所有感知的物体才都是真实的物理物体。"不过现在这一切都在改变。

未来已至

个性化的未来是一个简单的经济学算法。关于我们个人行为的信号以及处理这些行为所需的计算能力，比以往任何时候都要便宜。随着成本的下降，新奇的可能性也唾手可及。

以面部识别为例。美国马萨诸塞州布罗克顿的警方使用一款定价3 000

195

美元的苹果手机应用 MORIS，只要拍下嫌疑人的照片，几秒钟之内就可以调出其身份和犯罪记录。谷歌的照片管理工具 Picasa 也具有面部识别功能，只要用户标记几张相片，Picasa 就可以在照片集中识别出谁是谁。埃里克·施密特认为，谷歌坐拥整个互联网的图像库，他在 2010 年科技经济论坛上对一群技术专家说："给我们 14 张你的照片，我们就能找到你其他的照片，准确率高达 95%。"

然而到 2010 年年底，谷歌还没有推出图像搜索这项功能。反而是以色列的初创企业 Face. com 可能更早提供这项服务。一家公司开发出了高度实用、改天换地的技术，却坐等竞争对手率先推出，这种情况极其罕见。但谷歌的担心不是没有理由的：面部识别和搜索的算法将粉碎我们文化中对隐私和匿名的幻想。

进行面部识别之后，我们当中许多人会被当场抓获。当互联网上所有的照片都像脸书那样被打上标签时，你的朋友（或敌人）不仅能轻易找到为你拍的照片，他们还能找到其他人拍的其他照片，画面中你可能只是个路人，碰巧走过或者在背景中抽烟。

等到所有数据分析完后，剩下的就简单了。想发现两个人有什么关系，比方说怀疑你男友和那个跟他过分友好的实习生乱搞，或者某部门的主管想挖走你的下属吗？简单得很。想通过建立一个脸书式的社交图谱来调查

196

谁跟谁最常在一起吗？轻而易举。想看看你某个同事在匿名约会网站上注册发布的资料或者他们衣衫不整的照片吗？想知道你新认识的朋友之前吸毒的样子吗？想找到证人保护计划中的黑道大哥，还有内部奸细吗？面部识别的用途有无限可能。

诚然，面部识别需要强大的计算能力。我在笔记本上试用 Picasa，机器吭哧吭哧好几分钟才有结果。因此就现阶段而言，要从整个互联网搜索成本太高。但面部识别也遵循摩尔定律，这是计算领域最强的法则之一，即每年随着处理器的速度提高一倍，它的成本会等比例降低。终有一天，大规模的面部识别将成为可能，甚至是实时的，可以瞬间识别监控视频和回传视频内容。

需要特别关注的是，面部识别势必会造成一种隐私断裂。在公共场合，我们习惯了以半匿名的状态活动，虽然明知我们去夜店或者上街可能会被人认出，然而这种概率微乎其微。但如果可以搜索监控摄像头和手机摄像头拍摄的人脸图片，就无处可躲了。在商店里，有摄像头正对着门和过道，能够精确观察每个顾客在哪里闲逛，他们拿起了什么，然后与像安客诚这样的全球信息服务公司已经收集到的关于顾客的数据之间进行比对。这套强大的数据可以根据你的面部在比特流中出现的位置，判断你的去向和活动，帮助商家提供更多投你所好的服务。

不仅是人比以往更容易追踪，物体也是，研究者称之为"物联网"（Internet of things）。

科幻作家威廉·吉布森（William Gibson）曾经说过："未来已至，只是分布不均。"有些地方已经进入未来，有些地方还比较晚。吊诡的是，物联网首先出现的地方之一是以色列的可口可乐游乐村，一个按季节开放的有主题公园和营销活动的度假村。2010 年夏天，由脸书和可口可乐赞助，来公园的青少年们得到了一款手环，手环中有一小块芯片电路，让他们可以通过点赞连接真实世界的物品。比如，你在游戏设备入口处朝脸书的点赞标志挥动手环，你的脸书账户上就会更新状态，表明你即将进入游戏。用一台特殊的相机给你的朋友们拍照，然后挥一挥手环，上传到脸书的照片就自动打上了你的身份标签。

每个手环中都内置了一个无线射频识别芯片。芯片不需要电池，只有一种用途：收发信号。只要一点微弱的无线电磁波，芯片就会发送一组独特的识别码。脸书账户一旦和识别码配对成功，用户就可以使用了。单个芯片的价格只要 7 美分，未来几年价格还会下降。

忽然之间，企业就有可能追踪它们在全球制造的每一件物品。将芯片嵌入一个单独的汽车零件，你就可以看到零件进入汽车工厂，组装成汽车，然后送到展厅，最后进入车主的车库。再也不用担心存货耗损的现象，也不再会因为单一工厂出错而不得不召回所有型号的产品。

相应地，射频识别技术还可以自动清点家庭里的每一件物品，并跟踪物品的位置。如果射频识别技术功率还可以再提升一点，就再也不用担心

197

198

丢钥匙的事情了。物联网的用途如《福布斯》记者雷汉·萨朗姆（Reihan Salam）所说，"可以高效地组织现实世界中的物品，就像谷歌对互联网的索引和组织一样，干干净净，井井有条"。

这种现象被称为"环境智能"（ambient intelligence）。它基于一个简单的观察：你拥有的物品，你把它们放在哪里，你用它们做什么，你和物品的互动是一个宝贵的信号，表明你是怎样一个人，你有什么样的偏好。"在不久的将来，"戴维·赖特（David Wright）领导的一个环境智能专家团队写道，"每一种被制造出来的产品，无论是衣物、钱币、电器、墙上的油漆、地上的地毯、汽车等，所有一切都将嵌入智能的微型传感器和执行器网络，有些被称为'智能灰尘'（smart dust）。"

第三组强有力的信号也越来越便宜。1990 年，解读每一组基因 DNA 碱基对大约需要 10 美元。到 1999 年，这个数字已经下降到 90 美分。2004 年，已经跌破 1 美分的门槛。现在，正如我在 2010 年写的，它的价格是万分之一美分。到本书出版时，它的成本无疑会继续探底。等到 21 世纪中叶，不用一个三明治的成本，我们就能解读任何人全部的基因组序列。

199

这看起来有点像《千钧一发》（Gattaca）的剧情，但把基因信息加进个人资料实在太有吸引力了。虽说越来越多的证据证明，基因并不能决定我们的一切，其他细胞信息集、激素水平和我们的环境也起着很大的作用，但毫无疑问，遗传物质和将要发生的行为之间有着无数的关联。这不仅仅能让我们更加准确地预测和避免即将到来的健康问题，仅这一点就足以让我们中的许多人趋之若鹜。通过将脱氧核糖核酸和行为数据叠加，比如综合苹果手机的位置信息或脸书近况的更新文本，一个有进取心的科学家可以对整个社会进行统计回归分析。

这么多数据中藏着做梦也想不到的模型。如果善加利用，这些数据将把过滤器的敏锐度提高到难以想象的层次。在这个世界里，几乎所有的客观经验都被量化、记录并告知我们周围的环境。到最后，面对海量的二进制数字流，最大的挑战可能是要问什么问题才好。渐渐地，代码程序将学会自发提问。

理论的终结

2010 年 12 月，经过 4 年的共同努力，哈佛大学、谷歌、《大英百科全书》（*Encyclopædia Britannica*）和《美国传统英语词典》（*American Heritage Dictionary*）的研究人员宣布，该团队已经建立了一个数据库，涵盖了超过 500 年的图书内容，包括英语、法语、中文、德语和其他语言的图书总共 520 万本。现在，任何人只要访问谷歌的"N-Gram viewer"页面，输入关键词，就可以查询该短语在历史上的兴衰，不管是新词还是已经废弃的用法都可以。对研究人员来说，该工具具有更大的潜能——一种对"人文科学的量化研究方法"，用科学的方法描绘和测量文化的变化。

最初的研究表明这种工具非常强大。通过日期检索，该团队发现"人类正越来越快地忘记过去"。他们认为，这个工具通过识别那些在统计上不正常地缺少某些想法或短语的国家和语言，可以提供"一个自动识别审查和宣传的强大工具"。例如，在 20 世纪中叶的苏联图书中，利昂·托洛茨基（Leon Trotsky）出现的次数远少于同期的英语或法语图书。

无论是对研究人员还是偶尔好奇的公众，该项目无疑都是一大贡献。但服务学术界可能不是谷歌唯一的动机。还记得拉里·佩奇宣称他想创造一种"能理解任何东西"的机器吗？有些人可能称之为人工智能。以谷歌的方法创造智能，最关键的生产资料就是数据，500 多万本数字化的图书包含了大量的数据。而想要提升人工智能水平，需要多喂它吃数据。

我以谷歌翻译为例说明人工智能是如何工作的。谷歌翻译现在可以自动处理近 60 种语言，能力尚可。你可能会想象这是靠内建了一套非常庞大复杂的翻译词典做到的，其实不然。谷歌的工程师们采用了一种概率方法：他们写的程序，能识别哪些字词会经常同哪些字词一起出现，然后找出大量各种语言的资料进行机器训练。其中，最多最重要的一部分是专利和商标申请书。这些资料非常好用，因为它们的用词是相通的，又是公开资料，而且必须以数十种不同的语言在全球范围内进行申请。谷歌找到 10 万份用

200

201

英语和法语写就的专利申请书，输入机器，软件就可以确定当英文出现 word 这个词时，相应的法文就会出现 mot。谷歌把修改翻译的工作交给用户，随着时间的推移，翻译功能得到不断完善。

谷歌翻译的做法，后面会用在几乎所有的搜索功能上。创始人之一谢尔盖·布林表达了他对基因遗传数据的兴趣。谷歌语音捕捉了数百万分钟的人类语音，工程师们希望用这些语音来构建下一代的语音识别软件。谷歌研究已经存储了世界上大部分的学术文章。此外，谷歌搜索的用户每天都会向机器中输入数十亿个查询词汇，这提供了另一种丰富的文化信息。如果有一个秘密计划来抽取整个文明的数据，并用它来构建人工智能，那么这几乎是最好的方案了。

随着谷歌的原型大脑变得越来越复杂，引人注目的新可能性也将出现。印度尼西亚的研究人员可以受益于斯坦福大学的最新论文（反之亦然）而无须苦等翻译出炉。再过几年，对话也有可能自动即时翻译，这打开了跨文化交流和理解的全新渠道。

但是，随着这些系统变得越来越"智能"，它们也变得越来越难以控制和理解。说它们最终会演化成为生命体似乎不太恰当，因为说到底，它们仍然只是代码。但最后它们会复杂到连程序员也不能完全解释其结果。

谷歌的搜索算法已经在一定程度上做到了这一点。即使对它的工程师来说，算法的工作方式也有些神秘。搜索专家丹尼·沙利文说："就算他们公开算法机制，你还是看不明白。谷歌可以告诉你它使用的所有 200 个信号以及代码是什么，你听完还是不知道该作何感想。"谷歌搜索的核心软件引擎是几十万行的代码。我访谈过一位谷歌员工，他和搜索引擎团队交谈过，据他说："搜索团队会在局部微调，他们也不知道什么有效，或者为什么有效，一切都只看结果。"

谷歌承诺不会对自家产品偏心。但系统越复杂或越"智能"，就越难分辨。就人脑来说，发生偏见或错误是大脑哪一部分的责任？想找出确切的位置很困难，或者就是不可能，因为有太多的神经元和连接，无法将范围缩小到一个单一的会出错的脑组织。随着我们越来越依赖像谷歌这样的智能系统，它们的不透明性可能会导致真正的问题。比如受机器驱动的"闪电崩盘"事件，它导致道琼斯指数在 2010 年 5 月 6 日的几分钟内下跌了600 点，但是机器在其中扮演的角色依然扑朔迷离。

《连线》杂志主编克里斯·安德森（Chris Anderson）曾经发表过一篇发人深省的文章，认为庞大的数据库使科学理论本身过时了。毕竟，当你能快速分析数万亿比特的数据并找到聚类和相关性时，为什么还要花时间用人类语言来提出假设呢？他引用了谷歌研究主任彼得·诺维格（Peter Norvig）的话："所有模型都是错误的，没有模型也能研究成功的例子会越来越多。"这种说法自有其道理，但也要记住它的缺点：机器或许不需要模型也能看出结果，但没有模型，人类就无法理解。让主宰人类生活的程序透明化是有价值的，至少在理论上，人类是程序的受益者。

超级计算机的发明者丹尼·希利斯（Danny Hillis）曾说，人类科技最伟大的成就，就是让人可以创造出超乎自身理解范围的工具。没错，这一特性也可能导致我们最大的灾难。个性化的驱动程序越接近人类认知的复杂性，人就越难理解这一程序做出决定的原因和过程。假如一条简单的代码规则禁止某一群体或阶层的人访问某些类型的资讯，这很容易被发现，但如果这是全球超级计算机中大量相互关联的操作结果，这就是一个非常棘手的问题。结果就是，假使出现了问题，则很难确认是哪些系统、哪些工程师的责任。

天下没有免费的午餐

墨西哥有 25 个广播电台，2009 年 1 月，你如果正在听其中一个，可能就会听见一首手风琴伴奏的民谣《最大的敌人》（El más grande enemigo）。这首歌带有一点波卡舞曲轻快的节奏，但歌词却描绘了一个悲剧：一个非法移民试图穿越边境，却被蛇头出卖，最后在酷热的沙漠烈日下等死。同一张专辑《迁徙走廊》（*Migra corridos*）中还有另一首歌，讲述了同一个悲伤故事的不同部分：

> 为了越过边境
>
> 我坐在拖车后面
>
> 与我同怀悲伤的
>
> 是另外 40 个移民
>
> 没人告诉我
>
> 此行通往地狱。

歌词如此直白地讲述穿越边境的危险，并不是没有原因的。这张专辑的制作公司效力于美国边境管制局，这是阻止边境移民潮的一个举措。目前一个很明显的增长趋势是利用媒体本身来做营销，这被委婉地称为"广告主资助的媒体"（advertiser-funded media，AFM），这首歌是极佳的例证。

植入式广告已经流行了几十年，AFM 是其自然而然演进的结果。广告主喜欢植入式广告，因为在媒体环境中，想要吸引消费者的注意越来越困难——尤其是让人们看广告，但植入式广告提供了一个让厂商可以钻的漏洞。碰到植入式广告，你不能快进，否则就会错过一些实际的内容。AFM 是同一逻辑的自然衍生：既然媒体一直是产品销售的工具，那干吗不直接去掉中间商，让产品制造商自己制作内容呢？

205 2010 年，沃尔玛和宝洁公司宣布联手打造《远山的秘密》（*Secrets of the Mountain*）和《延森计划》（*The Jensen Project*）两部家庭电影，剧中人物在影片中将全程使用这两家公司的产品。《变形金刚》（*Transformers*）的导演迈克尔·贝（Michael Bay）也加入这一行列，他创办了一家名为"研究所"的新公司，口号是"让品牌科学遇到伟大故事"，第一部 3D 作品《奇幻森林历险记》（*Hansel and Gretel*）是一部为植入式广告特别量身定做的电影。

而今，电玩行业的利润已经大大超过电影业，广告主当然不会放过在游戏内植入广告和产品的巨大商机。微软以 2 亿到 4 亿美元的价格收购了游戏广告平台巨力集团（Massive Incorporated），这家公司曾经在游戏的公告牌和城墙上为美国第二大无线运营商辛格勒电话公司（Cingular）和麦当劳（McDonalds）投放广告，并且可以追踪哪些用户花了多长时间看了哪些广告。育碧软件公司（UBIsoft）的游戏《纵横谍海》（*Splinter Cell*）在角色穿越的城市景观建筑中植入了斧头牌（Axe）除臭剂的广告。

就连图书也不能幸免。2006 年 9 月出版的《凯茜日记》（*Cathy's Book*），读者群主打年轻人，书中的女主角涂着一款"大胆"的"斩男色"系口红。这可不是神来之笔——《凯茜日记》的出版公司是宝洁，其正在推广这款口红。

植入式广告和 AFM 产业想要继续增长，个性化可以提供全新的发展前景。当客户已经是《封面女郎》（*Cover Girl*）的读者了，干吗还要向其提口红？当玩家偏好老式海军风，为什么还要安排一个电玩人物在梅西百货里追逐？当软件工程师谈论架构时，他们通常是抽象地打比方。但随着人们花更多的时间体验虚拟的、个性化的场景，这个世界为什么不能随着用户的偏好改变？为何不能让赞助厂商来决定？

流动的世界

丰富的心理模型和对新数据流的测量，从心率到音乐选择无所不包，为网络个性化开辟了新的领域，其中的变化不仅仅针对产品或新闻片段，连网站的外观和风格都可以因人而异。

为什么网站要看起来都是一样的？不同的人不仅对不同的产品反响不一，而且对不同的设计感觉、色调甚至不同类型的产品描述也会有不同的反应。不难想象，针对不同的顾客，沃尔玛的网站可以有不同的风格：有些是柔和而温暖的色调，有些则是很有个性的极简主义设计。只要容量允许，为什么针对每个客户只能有一种设计？为什么不能根据我是生气还是开心，给我看网站的不同版式？

这并非科幻小说中的情节。在麻省理工学院的商学院，约翰·豪泽（John Hauser）领导的一个团队已经开发出了所谓的"网站变形"（Web site morphing）的基本技术，购物网站会分析用户的点击量，找出哪种信息和展示风格对用户最有效，然后随着特定用户的认知风格来调整网站布局。豪泽估计，变形的网站可以增加 21% 的"购买意向"。对整个广告行业来说，

206

207

这意味着数十亿美元。而且事情还没完，通过这种方式推销商品之后，新闻和娱乐网站也可以变形，带来更高的收益。

一方面，网站变形可以让我们的上网体验更舒适。通过提取用户的数据资料，上网就像老朋友见面，宾至如归。但它也为一个诡异的梦境打开了大门，在这个世界里，周围的环境不断在我们背后变来变去。更加诡异的是，人们的使用体验可能会像做梦一样，与他人分享的可能性越来越小。

拜"增强现实"所赐，这种体验可能很快在离线状态下也能正常运行。

"在现代战场上，"雷神航电（Raytheon Avionics）的经理托德·洛弗尔（Todd Lovell）告诉记者，"数据实在太多了，而大多数人不知道如何使用它。你如果只是试图用眼睛来看，一点一点地阅读它，就永远不会理解。因此，现代科技的关键是获取眼前所有的数据，将其转化为有用的信息，让飞行员秒懂，然后快速行动。"洛弗尔主持的项目代号为"天蝎"（Scorpion project），目标是把谷歌整理在线信息的做法应用于现实世界。

天蝎计划中，飞机驾驶员会戴上一个单片眼镜，该显示装置可以实时诠释飞行员视野中的景物。它对潜在的威胁进行颜色编码，突出显示在何时何地导弹锁定了敌方，还具有夜视功能，减少飞行员在分秒必争的情况下还要看仪表板的需要。喷气式飞机飞行员保罗·曼西尼（Paul Mancini）对美联社说："整个世界都变成了一块屏幕。"

这就是增强现实技术，它正迅速从喷气式飞机的驾驶舱转移到消费设备上，过滤掉日常生活中的杂音，提高重要信息的信号。将你的苹果手机摄像头和一个餐馆推荐程序 Yelp 配合，对准某家的店面，你就能看到食客们的评级随意地显示在上面。一种新型的主动降噪耳机可以感知和放大人类的声音，同时降低其他街道或飞机的噪声。新泽西州的梅多兰兹足球场耗资 1 亿美元开发了一种新的应用程序，让进场观赛的球迷能够实时分析比赛，查看重要数据，并从不同的角度观赏关键时刻。现场的观众不仅能够亲历赛场气氛，同时也能享受电视观众的全方位资讯覆盖。

美国国防部高等研究计划署（DARPA）正在研发一项技术，如果成功了，连天蝎计划都将黯然失色。自 2002 年以来，DARPA 一直在推进它所谓的"增强认知"（AugCog）研究。结合认知神经科学和大脑成像，该研究致力于寻找最有效地传递重要信息到大脑中的方法。增强认知的前提假设是，单人同时完成多线程任务的能力是有基本限度的，而"这种能力本身也会随着一系列因素的变化而波动，包括精神疲劳、新奇感、厌倦感和压力"。

通过监控大脑中与记忆、决策等相关的区域的活动，增强认知设备可 *209* 以确保找出并强调最重要的信息。如果你的视觉可吸收的资讯已经达到上限，系统可能就会发送音频警报。根据《经济学人》报道，在一项增强认知的试验中，用户的回想能力提高了100%，工作记忆提高了500%。如果这听起来有点不可思议，那么请记住：DARPA也参与发明了互联网。

增强现实技术是一个蓬勃发展的领域，澳大利亚研究个性化和增强现实的专家加里·海斯（Gary Hayes）认为，至少有16种不同的方法可以用来提供服务和赚钱。在他看来，导游公司可以提供增强现实导览服务，让游客在逛街的时候可以看到关于建筑物、博物馆文物和街道的信息，以半透明的方式叠加于周围环境。购物者可以使用手机应用程序立即获得他们感兴趣的产品信息，还能进行比价（亚马逊已经可以提供这项服务的初级版本了）。而增强现实游戏可以将信息覆盖在真实世界上。

增强现实技术提供了附加价值，也为厂商以新的方式重新引发消费者注意和接触广告提供了一个机会。只要肯花钱，就可以用数字的形式把商标叠加在美式足球场的画面上。但增强现实技术能在现实世界以个性化的方式打广告：比如说你打开一个应用程序，想在人群中找一个朋友，附近一栋建筑上就出现了一幅巨大的可口可乐广告，上面的模特是你的脸，还有你的名字在上面。

当个性化的视听资讯与面部识别结合起来时，事情就变得更有意思了： *210* 你不仅能够过滤信息，还能过滤人。

OkCupid是网上最受欢迎的约会网站之一，它的创始人之一克里斯·科因（Chris Coyne）有段时间一直在思考怎样过滤人。科因精力充沛，谈吐诚恳，思考问题时眉头紧锁，表达观点时会挥动双手。主修数学的时候，他开始研究如何使用算法为人解决问题。

"用数学来赚钱的方法很多。"我们在纽约的韩国城见面，一起吃石锅拌饭。科因有许多同学去了对冲基金从事高薪工作。"不过，我们感兴趣的是如何用数学让人们快乐。"他说。还有什么比帮助人们坠入爱河更让人开心的呢？

科因邀请大学室友萨姆·耶格尔（Sam Yeager）和马克斯·克罗恩（Max Krohn）一起研究目前的约会网站，但是越看越生气：很明显，那些约会网站更想让人们赶快刷卡入会，而不是牵红线。你一旦付钱了，就会发现，那些帅哥美女的账户已经闲置多年，或者根本不回复你。

科因和他的团队决定用数学来解决这个问题。网站提供的服务是免费的，他们不再提供一刀切的解决方案，而是为网站上的每个人开发个性化的匹配算法。就像谷歌利用点击率来优化搜索结果一样，他们想尽一切办法最大限度地提高用户之间真正对话的可能性。按照他们的想法，如果你能在用户之间搭建起互动的桥梁，财源将会滚滚而来。而在本质上，他们是为寻找伴侣的人们搭建了一个现代搜索引擎。

当你登录 OkCupid 时，你会被问到一连串关于个人的基本问题。你相信上帝吗？你参加过三人行吗？你厌恶抽烟吗？你介意第一次约会就发生关系吗？你有性病吗？（如果回答是，你会被送到另一个网站。）你还可以表明你希望未来的伴侣如何回答这些问题，以及他们的答案对你有多重要。综合这些问答，OkCupid 会创建一个让用户自定义的加权方程，算出和你最合适的对象。当你选择在本地区搜索时，同样的算法会对速配指数进行排序。OkCupid 运用服务器集群的强大运算能力，能根据 200 套问答模型对一万人进行速配排序，在 0.1 秒之内给出结果。

他们必须这么快，因为 OkCupid 的流量正在激增。每天晚上，成千上万的问答资料流回他们的系统，每天新增用户上千人。而他们的系统也越来越好用。

科因告诉我，未来你会看到人们带着增强显示器走来走去。他以一个晚上泡酒吧的男士为例：你一进去，相机立刻扫描了室内所有人的脸，并与 OkCupid 的数据库进行比对。"设备告诉你，那边那个女孩和你的速配率有88%。简直美梦成真！"

弗拉基米尔·纳博科夫（Vladimir Nabokov）曾经评论说："'现实'这个单词，是少数几个如果不加引号就没有任何意义的词。"科因的愿景可能很快就成为我们的"现实"。这一愿景有着无穷的潜力：外科医生永远不会漏缝一针，士兵永远不会误伤平民，世界更加透明，信息更加密集。但同时也有危险：增强现实代表着朴素的经验主义的终结以及我们眼中的这个世界的终结，取而代之的是一种更加变幻莫测、波谲云诡的情况的开始——现实世界过滤泡出现了，并变得越来越难以逃脱。

212

失 控

在个性化无处不在的未来，好处不胜枚举。

智能设备的普及，从吸尘器、灯泡到相框，可以随时随地为我们创造百分百如你所愿的环境。环境智能专家戴维·赖特表示，在不久的将来，我们甚至随时都可以按照自己的偏好调整房间照明亮度。当房间里不止一个人的时候，电灯可以自动平均所有人的偏好，给主人的偏好加权，计算出所有人都能接受的亮度。

支持增强认知功能的设备会帮助我们追踪那些我们认为最重要的数据流。在某些情况下，比如有人受伤或者失火了，警报器会设法提升报警等级，直到引起我们注意，救人一命。虽然基于脑波阅读的增强认知应用距离大众普及还为时尚早，但一些基本理念类似的产品已经问世。比如谷歌的谷歌邮箱推出了"优先收件箱"（Gmail Priority Inbox），会过滤电子邮件，突出显示它认为更重要的邮件，就是根据增强认知的原理。与此同时，增强现实过滤器提供了一种可能性，可以给现实加注释和超链接，让我们在充满资讯的环境中提高工作效率，更快地吸收信息，做出更好的决策。

213

这是好的一面。但有所得必有所失。个性化提供了方便，但你需要把一些隐私和控制权交给机器。

在个性化无处不在的未来，好处不胜枚举。但有所得必有所失。个性化提供了方便，但你需要把一些隐私和控制权交给机器。

随着个人数据变得越来越有价值，我们在第一章中描述的行为数据市场可能会爆炸式增长。一家服装公司如果认定，知道了你最喜欢的颜色会带来 5 美元的销售额增长，就能为这个数据定价，其他网站也会找理由来问你。（虽然 OkCupid 不愿透露商业模式，但它靠的很可能是向广告主提供数据，让广告主根据那数百个个人问答来锁定用户。）

虽然这样的数据采集许多是合法的，但有些不是。数据特别适合在地下市场交易，因为不需要证明来历，也不用知道转手记录。赖特称之为数据清洗（data laundering），而且这一过程已经开始很长时间了：间谍软件和垃圾邮件公司向中间商出售可疑的衍生数据，中间商把这些数据输入数据库，再卖给大公司，帮助其进行营销活动。

此外，由于数据的转手过程通常不透明，所以谁会代你做决策、决策的内容是什么、决策的目的何在，这些问题都不清楚。当我们谈论信息流时，这些问题很重要，但当这种力量要影响我们的感官时，就更重要了。

2000 年，太阳计算机系统公司的联合创始人比尔·乔伊在《连线》杂志发表文章，题为《为什么未来不需要我们》（Why the Future Doesn't Need Us）。他写道："随着社会及当前的问题变得越来越复杂，随着机器变得越来越聪明，人们会更多地让机器代替他们做决定，仅仅因为这么做有更好的结果。"

人为决策不如机器决策，这种情况或许很常见：机器驱动的系统确实有非凡的价值。这些技术承诺它们的所作所为能给我们更多自由，让我们更能掌控世界，比如跟随我们的奇思妙想和情绪变化的灯光，帮助我们排除闲杂琐事干扰的屏幕和图层，以此减少为生计而进行的繁忙工作。讽刺的是，这种技术提供的自由和控制权，恰恰是通过剥夺我们的自由和控制权得来的。当遥控器上的众多按钮缺少"换台"这一基本功能，我们还可以接受，但是遥控器能控制我们的生活的话，事情就严重了。

平心而论，未来科技的效能应该和过去差不多，够好，但不完美。肯定会有各种各样的问题，也会有混乱和烦恼。未来肯定会有大故障让我们反思当初创建整个系统是否值得。我们也将承担生活中的风险：本来设定协助人类的系统会转而对我们造成威胁，就像婴儿监视器本来是为了照顾宝宝，但如果被黑客入侵就会变成一个监控设备，让家人暴露在威胁中。我们对个人环境的掌控力越大，一旦被夺走，我们任人宰割的可能性也越大。

有鉴于此，我们需要铭记这些系统的基本逻辑：人不能独自创造世界。你生活在个人欲望和市场因素的均衡之中。虽然在许多情形下，这种均衡让人生活得更健康、更幸福，但这种均衡也提供了让一切商品化的机会，甚至包括我们的感官。你可以不去理会广告，但如果广告通过增强认知一直强化到让你无法无视，甚至控制了你的注意力，那么这件事简直不堪设想。

由此我们不得不回到杰伦·拉尼尔的问题上来：这些技术为谁工作？如果以史为鉴，可知我们可能不是主要客户。随着科技越来越善于左右我们的注意力，我们需要密切关注它把我们的注意力引向何方。

第八章 ｜ 逃离小圈子

在网络世界，谷歌和脸书一类的互联网公司迅速崛起，但它们对自身责任的认识是滞后的。关键问题在于，它们要尽快认识到自己的公共责任。

透明性不仅意味着剖开系统让公众看个够，也意味着让用户对算法系统一目了然。这个先决条件非常必要，否则就不是用户控制、使用这些工具，而是反被其控制、利用。

互联网最大的优势就是可以改变。通过个人行动、企业责任和政府监管的结合，我们仍有机会改变网络发展的方向。我们期待程序员能将公共生活和公民精神写进他们创造的世界。我们也希望网民能够监督和支持他们，使他们不要屈从于金钱压力而脱离正道。

网络兴起伊始，愿望是人人相连，网民自主，而保护这份初心是我们所有人不容推脱的当务之急。

217

为了自我发现，（个体）还需要生活在这样的环境中：那里诸多不同的价值体系可以互相承认与尊重。更确切地说，他需要多种多样的选择，以免个人的本质受到扭曲，自身被误导。

——克里斯托弗·亚历山大（Christopher Alexander）等，

《模式语言》（*A Pattern Language*）

理论上，互联网是有史以来最能让全民承担理解和管理世界重任的系统了。但实际上，互联网并不是朝这个方向发展的。万维网之父蒂姆·伯纳斯-李爵士最近在《科学美国人》（*Scientific American*）杂志上发表文章捍卫互联网，题为《万维网万岁》（Long Live the Web），呼吁大家正视这一问题的严重性。"我们所知的互联网正受到威胁，"他写道，"一些最成功的网民已经开始逐渐摒弃它的原则。大型社交网站正在筑墙，将用户发布的信息与网络其他部分隔离开来……无论是极权还是民主政府，都在监控人们的上网习惯，危及重要的人权。如果我们网民继续坐视不管，任其发展，互联网可能就会被分割成无数孤岛。"

218

在本书中，我讨论过无处不在的嵌入式过滤器的兴起，正在改变我们体验互联网乃至整个世界的方式。这种转变的核心在于，媒介有史以来第一次有可能知道你是谁，你喜欢什么，你想要什么。个性化的程序虽然并不总是那么精准，但足以提供更适合的广告，可以调整我们的视听阅读内容，而对公司来说，只要能盈利就可以了。

因此，虽然互联网提供了一系列令人眼花缭乱的资源和选项，但身处过滤泡中，很多我们都无缘接触。虽然互联网可以给我们提供很多新机会，促进我们成长，体验多种身份，但个性化的经济学驱使我们的人格逐渐静止。虽然互联网可以解放知识，分散控制，但实际上它正窄化我们的视野，限制我们的机会，这种权力正集中在少数几个人手中，形成史上罕见的霸权。

当然，个性化网络的兴起也有优点。我和大家一样，喜欢听潘多拉电台，看网飞剧集，用脸书社交。我感谢谷歌在信息的丛林中开辟捷径（否则我不可能写完本书）。但是个性化的变迁令人担忧，用户基本上看不见个性化的机制，因此无法控制个性化的行为。我们甚至没有意识到，我们各自看到的互联网景象正在变得越来越不同。互联网可能知道我们是谁，但我们不知道它对我们的观感，也不知道它是如何使用个人信息的。科技的初衷是让我们更能控制生活，而实际上它正在夺走我们的控制权。

太阳计算机系统公司的联合创始人比尔·乔伊告诉我，信息系统的优劣，最终必须根据它们在公共领域产生的结果来判断。"如果互联网的目的是散布大量的信息，好的那没问题，但散布这些信息又是做什么的呢？"他问道。如果它不能帮助我们解决真正的大问题，那有什么好处呢？"我们真正需要解决的核心问题包括：气候变化、亚洲与中东的政治不稳定、人口问题以及中产阶级的衰落。严重的问题层出不穷，大家认为会有一个新的选区崛起，但不停地有东西来分散注意力，如虚假议题、娱乐八卦、网络游戏。如果互联网可以提供充分的自由选择的机会，但却无法解决当前这些重大的问题，那么这套系统肯定不对劲。"

我们的媒体的确有问题。但是互联网并没有垮掉，原因很简单：这种新媒介最大的特点就是可塑性很强。事实上，它最大的优势就是可以改变。通过个人行动、企业责任和政府监管的结合，我们仍有机会改变网络发展的方向。

"我们创造了互联网，"蒂姆·伯纳斯-李写道，"网络的属性要按照我们的选择。它还没有病入膏肓（也绝没有断气）。"我们仍有可能构建一种信息系统，向我们引介新知，鞭策我们创新。我们仍有可能创造一种媒体，向我们展现新知，而非一味重复。我们仍有可能建立一

> 互联网最大的特点就是可塑性很高。事实上，它最大的优势就是可以改变。通过个人行动、企业责任和政府监管的结合，我们仍有机会改变网络发展的方向。

套网络体系，不会让我们陷入无休止的自我循环，自私自利不断膨胀，故步自封彼此隔绝。

要达成这些理想，首先我们需要有一个愿景，找到目标。

亚文化马赛克

220

1975 年，建筑师克里斯托弗·亚历山大与几位同事合作，开始出版一系列图书，这些图书对日后城市规划、建筑设计和程序设计影响深远。最著名的一本叫作《模式语言》，读起来像宗教文本。这本建筑指南充满了引语、格言和手绘草图，俨然是一本建筑圣经，指引信徒从新的角度思考世界。

亚历山大和他的团队耗时 8 年，反复研究一个问题：为什么有些地方繁荣昌盛，而有些地方却凋敝不堪，有些城市、社区和房舍欣欣向荣，而有些却阴森荒凉。亚历山大认为，关键问题是建筑设计必须符合它的语境和文化背景。他们总结说，确保这一点的最佳方式是遵循"模式语言"，一套为人类空间制定的设计规范。

即使对非建筑师而言，这本书也是一部引人入胜的读物。书中描绘了种种建筑模式，比如儿童的理想空间（天花板的高度应该在 76 厘米到 122 厘米之间），还有"高地"——"让人可以居高临下，俯视世界"。亚历山大写道："每个活生生的完整的社会，都会有自己独特的模式语言。"

在这本书最引人入胜的部分，阐明了那些成功的城市所依据的模式。亚历山大构想出了两个大都会，一个是"异质城"（heterogeneous city），另一个是"同族区"（city of ghettos）。在异质城中，不同生活方式、背景的居民混住在一起，而在同族区，人们紧密地按照族群类别分别住在不同的区

221

域里。亚历山大写道，表面上看，异质城显得"多姿多彩"，但"实际上它抑制了所有显著的多样性，并阻止了大部分异化的可能"。虽然这里有不同的民族和文化，但城市中"多样"的方式其实基本一样。由于大家奉行的都是约定俗成的准则，所以走遍全城，看起来都差不多。

而在同族区，这里的居民被困在小世界里，这种单一的亚文化无法真正代表他们是谁。如果各个社区之间没有联系也无交集，构成城市的亚文化就不会进化。结果，同族区会停滞不前，内部矛盾激化。

好在亚历山大还提供了第三种可能：调和封闭的同族区和无差别的异质城。他称之为"亚文化马赛克"（the mosaic of subcultures）。亚历山大解释说，为了实现这种城市，设计师应该鼓励各街区发展出自我的文化特征，"但是，尽管这些亚文化应该具备尖锐、独特和独立的特质，但它们也不能自我封闭，必须易于相互接触，方便居民迁徙，让民众能在最适合自己的地方安顿下来"。亚历山大的马赛克城依据两项人类生活的前提：第一，一个人只有在被"周围的人和价值观支持"的地方，才能完全自我实现。第二，正如本章开头的引文所暗示的，人必须看遍许多生活方式，才有希望选择最适合自己的生活。这就是最好的城市所能提供的：培养一系列充满活力的文化，让居民自行探索，找到他们最喜欢的邻里和传统。

亚历山大阐述的主题是城市，但《模式语言》的美妙之处在于，它可以应用于人类聚集和生活的任何空间包括互联网。在线社区和小节点很重要。它们是新思想、风格、主题甚至语言形成与测试的地方。在那儿，我们最能感到自由自在。互联网如果被打造成像亚历山大描述的异质城那样，就不会是一个令人愉快的地方——事实、想法和交流会乱作一团。但出于同样的原因，如果个性化发展得太过极端，网络就会成为同族区。最坏的情况是，过滤泡会将我们局限在自己的信息社区，我们无法看到或探索存在其他巨大可能的网络世界。我们需要网络都会设计师关注这个问题，在相关性和意外发现，见友心安和见异心喜，舒适小天地和开放大空间之中谋得平衡。

222

个人对策

研究社交媒体的专家丹娜·博伊德警告说，我们有患"心理肥胖症"（psychological equivalent of obesity）的风险。她是对的。想要健康的资讯菜单，固然需要提供资讯食材的厂商通力合作，但如果我们自己不改变消费习惯，也无济于事。玉米糖浆的供应商不太可能改变它们的做法，除非消费者表明他们在寻找别的替代品。

223

我们可以从这里做起：停止再做老鼠。

电台节目《美国生活》（*This American Life*）的主持人艾拉·格拉斯（Ira Glass）有次在节目中调查如何改良捕鼠器的方法。他找到世界上最大的捕鼠器制造商，访问了负责构思新设计的安迪·伍尔沃斯（Andy Woolworth）。这个公司改良捕鼠器的灵感无奇不有，不是不切实际（比如将老鼠浸没在防冻剂里淹死，然后整桶倒掉），就是令人毛骨悚然（比如用纳粹毒气室的方法毒死老鼠）。

但关键问题是，它们都是不必要的。伍尔沃斯的工作很轻松，因为现有的捕鼠器非常便宜，一天内成功捕鼠的概率高达88%。捕鼠器之所以能起作用，是因为老鼠通常就在鼠洞外大概3米的范围内出没觅食，每天往返多达30次。在附近放一个捕鼠器，能抓到老鼠的概率很高。

大多数人的资讯习惯和老鼠很类似。我承认我自己也是：我每天经常查看的网站只有三四个，很少变化，也不经常添加新的网站。"不管我们住在加尔各答还是旧金山，"马特·科勒告诉我，"我们大部分时候差不多反复在做同样的事情。想跳脱这个循环并不容易。"积习难改。但如同上班时改走另一条新路线，你会注意到更多周遭的环境一样，改变一下你上网的路线会大大增加你获取新知、认识新朋友的可能。

只要把你的兴趣范围扩展到一些新的方向，你就能让个性化程序开拓出更大的工作空间。如果你对歌剧、漫画书、南非政治、汤姆·克鲁斯

224

我们有患"心理肥胖症"的风险。想要健康的资讯菜单，固然需要提供资讯食材的厂商通力合作，但如果我们自己不改变消费习惯，也无济于事。玉米糖浆的供应商不太可能改变它们的做法，除非消费者表明他们在寻找别的替代品。

（Tom Cruise）都很感兴趣，个性化程序就很难把你归为某一类人。通过不断地移动你的注意力，你就能扩大对世界的感知。

一开始偏离惯习会战战兢兢，但当我们获取新知，遇到新朋友，经历新文化时，这样的体验非常重要。它们让我们觉得自己是作为人类而存在的。

意外发现是通往快乐的捷径。

在第四章中，我们讨论过"身份级联"的问题，其中有些很容易解决，比如定期删除网页浏览器里用来识别个人身份的 cookie。如今大多数浏览器可以非常简便地删除 cookie，只要点击"选项"或"喜好"，然后选择删除cookie 即可。许多个性化广告联盟让消费者可以选择拒绝 cookie。我会在本书的网站 www. thefilterbubble. com 上详细公布这些广告联盟的最新名单。

但因为个性化或多或少是不可避免的，所以对我们大多数人来说，完全退出并不是一个行之有效的途径。有些浏览器具有"匿名"功能，让你在上网浏览时留下较少的个人资料，但这种做法会变得越来越不实际，因为这样一来，很多网络服务可能就无法按预期工作了。〔这就是为什么我会觉得美国联邦贸易委员会（FTC）正在考虑的"禁止追踪"名单（Do Not Track List）战略行不通，我在下面会详细阐述。〕此外，谷歌会根据你的网络地址、地理位置和许多其他因素进行个性化设置，即使你已经完全注销并使用全新的笔记本电脑，谷歌也依然可以识别出你。

更为妥当的方法是选择使用一些更为透明、让用户可以更好地进行控制的网站。这些网站让用户可以清晰了解过滤器是如何工作的，以及网站如何使用用户的个人信息。

以推特和脸书为例。在许多方面，这两家网站非常相似。它们都给人们提供了可以分享信息，发送视频、新闻和照片链接的功能。它们也都可以让你只看你想看的人，筛选掉你不想看的人。

但推特的世界只有几条非常简单、比较透明的规则，推特的支持者称之为"一层薄薄的监管"。除非你特意去锁定你的账户，否则你在推特上所有的所作所为对外都是公开的。你不必征求对方允许，就可以订阅对方的信息。而你追踪的所有人的每一句话都会按照时间顺序，更新在近况列表中。

相比之下，脸书的信息世界的规则极为模糊，几乎每天都在变化。如果你发布了新状态，你的朋友可能会看到，也可能看不到，而你朋友的近况更新，你可能会看到，也可能看不到。（很多用户会认为，显示所有更新的"最新动态"会涵盖所有朋友，但事实并非如此。）不同类型的内容，可能会出现在最新动态中的概率也不同。例如，相比近况更新，你发的视频更可能被你的朋友看到。此外，你在脸书上分享的资讯有时候只有圈内人可看，有时候却是公开的。比如，一个网站没有理由去要求它的用户声明自己是哪些网站的"粉丝"，而承诺给用户说这些资料只能好友可见但却对外公开了。脸书在 2009 年就是这么干的。

因为推特是基于一些简单易懂的规则运作的，所以它也不太容易受到所谓的"违约暴政"（the tyranny of the default）的影响。这一说法来自风险投资家布拉德·伯纳姆（Brad Burnham）（他拥有的联合广场风险投资公司是推特最早期的金主）。当用户可以自行调整预设选项时，会产生很大的影响。行为经济学家丹·艾瑞里用图表显示了欧洲各国器官捐赠的比例。在英国、荷兰和奥地利，捐赠率徘徊在 10% 到 15% 之间，但在法国、德国和比利时，捐赠率却高达 90%。为什么？在前一组国家，你必须勾选一个允许捐赠器官的方框，但在后一组国家，你必须勾选一个复选框，表示你不予捐赠。

朋友生命垂危，需要心肺移植，如果连这种生死攸关的大事大家都肯让"预设"来决定，那么让互联网公司主控我们的资讯分享也没什么大不了的。这并不是因为我们笨，而是因为我们太忙，用来做决策的注意力有限，而且通常相信，如果其他人这么做，我们就照做好了。但这种信任经常放错地方。脸书会有意识地运用预设权，改变用户隐私的默认设置，目的是鼓励大众更加公开他们的帖子。而软件工程师显然知道默认的力量，懂得利用它来提高自家服务的收益，虽然他们声称不愿意提供个人信息的用户可以选择性退出，但这种说法让人觉得缺乏诚意。因为规则越少，系统越透明，能做的预设就越少。

我想去采访脸书，但脸书的公关部门始终没有回复我的电子邮件（或许是因为众所周知 MoveOn 经常批评脸书罔顾隐私的做法）。但假如脸书有回应的话，它可能会辩称，相比推特，它给了用户更多的选择机会和控制权。而脸书的控制面板也确实列出来许多不同选项，让用户自行调整。

　　然而，要真正把控制权交给用户，前提是必须让选项的内涵一目了然，因为选项再多，看不懂的人也不会去调整。就像我们许多人以前在设定录像机时，面对那么多功能，想一一了解可能要花费整个下午，伤透脑筋还屡屡受挫。而当设定会涉及隐私保护和调整在线过滤器这类重要任务时，说"多看一会，就能看懂了"明显无法让人信服。

　　简而言之，在撰写本书期间，推特的做法是直截了当的，让用户轻松管理过滤器，了解推特资讯显示的规则和原因，而脸书则让人几乎无法理解。在其他条件相同的情况下，你如果重视对个人过滤器的控制权，那最好使用像推特这样的服务，而不是像脸书这样的网站。

　　我们生活在一个日益算法化的社会里，从警察局的数据库到电力网，再到学校，我们的公共机构全都是基于程序来运行的。我们需要认识到，一个社会对于司法、自由和机会的价值观已经与代码的编写方式和作用目的息息相关。只有意识到这一点，我们才有可能开始思考什么样的变量值得关心，想象如何用另外一种方式解决问题。

　　以重新划分选区为例。政治人物经常躲在幕后，密谋如何划分选区对自身最为有利。反对这一做法的人不断呼吁，应该用软件来重新划分选区，取代政治人物的密室磋商。这听起来很不错：先从一些基本的原则开始，然后输入人口数据，软件就能弹出一张新的政治地图。但程序未必能解决基本问题，算法具有政治后果：无论该软件依据的是城市、族裔还是自然边界进行分组，都会决定是哪个党派当权，哪个党派失利。如果公众不密切关注算法如何运作，它可能就会产生与预期相反的效果：打着"中立"旗号的代码实际上为党派的密室交易背书。

　　换句话说，鼓励公民具备基本的算法素养刻不容缓。公民将越来越多地参与到对影响我们公共和国家生活的程序系统进行裁判的过程中。即使你还无法熟练地通读几万条代码，只要懂得几种模块概念——如何处理变量、循环和内存——就能概要地

228

> 我们生活在一个日益算法化的社会里，从警察局的数据库到电力网，再到学校，我们的公共机构全都是基于程序来运行的。我们需要认识到，一个社会对于司法、自由和机会的价值观已经与代码的编写方式和作用目的息息相关。只有意识到这一点，我们才有可能开始思考什么样的变量值得关心，想象如何用另外一种方式解决问题。

理解系统是如何工作的，以及哪里容易出错。

尤其是在初学阶段，学习编程基础比学习外语更有收获。只要在基础平台上花几个小时，你就可以拥有"你好，世界！"（Hello，World！）这样的惊喜体验，想法也会变得活跃起来。几周之内，你就能和整个网络分享自己的想法。和其他任何职业一样，精通编程需要更长的时间，但在编程上投入的有限精力会有相当大的回报：不用很久，你就能看懂程序语言，了解大多数基本代码作用何在。

诚然，改变自我行为是戳破过滤泡的一种途径。但如果推动个性化的公司不进行改革，那么我们无论如何改变，效果都非常有限。

公司能做什么

可以理解的是，在网络世界，谷歌和脸书一类的互联网公司迅速崛起，但它们对自身责任的认识是滞后的。关键问题在于，它们要尽快认识到自己的公共责任。仅仅说"个性化是互联网寻求相关性的一种工作机制"，已经远远不够了。

新的过滤器可以从让过滤系统对公众更加透明开始，这样就能让公众先期讨论这些机制是否尽到了它们的责任。

正如拉里·莱西格所说，"只有规制透明，社会才有可能对政策作出回应"。但具有讽刺意味的是，有些公司声称其公共意识形态最看重公开透明，但本身的行为却遮遮掩掩。

脸书、谷歌以及其他靠过滤器做生意的公司声称，公开算法过程等于泄露商业机密。这种辩护乍听之下不无道理，但细想却并非如此。这两家公司的主要优势在于信任它们并使用它们服务的人数众多（还记得"锁定"效应吧）。按照丹尼·沙利文"搜索引擎大陆"（Search Engine Land）博客的说法，微软的必应搜索结果实际上与谷歌"难分高下"，可惜必应的用户规模无法同谷歌相比。让谷歌一骑绝尘的不是精良的算法，而是每天庞大的用户数量。谷歌的研究人员阿密特·辛格哈尔（Amit Singhal）说，谷歌搜索引擎使用的网页排名算法和其他主要程序"其实是世界上最公开的秘密"。

谷歌还辩称，它需要对搜索算法严格保密，是因为如果大家都知道算法逻辑了，就很容易想出对策戏弄算法。但开放式系统比封闭式系统更强韧，因为开放式系统一旦出现问题，每个人都想尽快修复漏洞。比如，开源操作系统 Linux 实际上比微软的 Windows 系统或苹果的 OS 操作系统更安全，更难被病毒侵入。

无论严格保密代码是否会让过滤泡产品更安全或更高效，但它确实有一个作用：掩盖住决策过程，保护这些公司免于对它们的所作所为负责。但即使无法做到完全透明，这些公司也应该进一步阐明它们是如何进行信息分类和资讯过滤的。

一方面，谷歌、脸书和其他新媒体巨头可以参考报纸监察员（newspaper ombudsmen）的制度历史。20 世纪 60 年代中期，报纸监察员成为新闻编辑室的一个热门话题。

菲利普·福伊西（Philip Foisie）是当时《华盛顿邮报》的一名高管，他写过一份备忘录支持报纸监察员制度，后来成为对其的经典论证。他写道："本报以每日刊出的文章来践行自身的信条，代表本报具备自我监督的能力，但这是不够的。事实证明，本报并未具备这种能力，可能也无法获取这种能力。而即便我们可以自我监督，外界也不会这么认为。因此要求读者相信我们是具备诚实客观的报道能力的，未免太强人所难。"《华盛顿邮报》觉得他的观点很有说服力，于是在 1970 年首聘报纸监察员。

"我们知道媒体是个双面人。"阿瑟·诺曼（Arthur Nauman）是《萨克拉门托蜜蜂报》（Sacramento Bee）的常设监察员，他在 1994 年的一次演讲中说。一方面，媒体以盈利为目的，讲究投资的回报率。"但另一方面，媒体是一种公众信任，一项公共事业。作为一个机构，它在社区中拥有巨大的权力，通过报道新闻的方式影响思想和行为，这种权力能伤害或促进公共利益。"新媒体也应秉持这种精神才能在大众中立足。任命独立的监察员，让世界更多地了解强大的过滤算法是如何工作的，这将是新媒体的首要举措。

透明性不仅意味着剖开系统让公众看个够。从推特和脸书的对比中可知，这也意味着让用户对算法系统一目了然。这个先决条件非常必要，否则就不是用户控制、使用这些工具，而是反被其控制、利用。

首先，我们应该能够深入了解这些网站对我们的用户画像。谷歌声称已经实现了这个功能，通过提供一个"仪表板"让用户能够集中监控和管理所有个人资料。但实际用起来，普通用户觉得"仪表板"设计混乱，层次太多，让人如坠雾里，根本看不懂。在美国，脸书、亚马逊等公司不允许用户下载完整的个人资料，欧洲的隐私法强制它们必须开放。个人资料是用户向公司提供的数据，用户想调出来看看，这完全合情合理。根据加州大学伯克利分校的研究，能够调阅个人资料是大多数美国人共同的期望。用户应该能说："是你错了。也许我曾经喜欢冲浪，是个漫画迷，或者是民主党人，但我现在不是了。"

仅仅知道进行个性化业务的公司搜集了我们哪些信息是不够的。它们还需要更加详细地解释是如何使用这些数据的——哪些信息是被个性化的，个性化到什么程度，筛选的原则是什么。用户访问个性化新闻网站的时候，应该可以选择查看还有多少其他的访问者，他们正在点击阅览哪些文章，甚至可以用颜色来区分异同的部分。当然，这首先需要网站向用户承认正在进行个性化业务，但作为企业，在某些情形下有很强的理由不这么做。其中大多是商业原因，而无关道德。

互动广告局（the Interactive Advertising Bureau）已经在朝这一方向努力了。作为在线广告社区的业界团体，它的实验室曾做过一项研究认为，除非个性化广告向用户披露个性化的依据是什么，否则消费者会生气并要求联邦政府进行监管。因此，它鼓励其成员在每个广告上增添一组小图标，表明该广告使用了哪些个人数据，以及如何改变或选择退出该组功能。由于内容提供商整合了由直营市场和广告主首创的个性化技术，因此也应该考虑整合互动广告局的这些安全措施。

即便把算法全放在阳光下，如果这些公司不采用配套措施，也不能解决问题。算法应该强调不同变量的优化组合：增加意料之外的可能，更加人性化，对微妙的身份差异更加敏感，积极促进公共事务，培养公民意识。

计算机再先进，只要它仍旧缺乏意识、同理心和智慧，我们实际认知的自我同个性化工具分析出来的信号之间就一定有很大落差。正如我在第五章中讨论过的，个性化算法会导致身份循环，在这种循环中，代码通过用户画像构建用户的媒体环境，而这一媒体环境有助于塑造用户未来的偏好。这是一个无可避免的问题，但是至少程序可以精心设计一种优先考虑"可证伪性"的算法，也就是说，着重于反证用户画像的算法。（比如，如果亚马逊认为你是一个推理小说迷，在"可证伪性"算法的推动下，它会主动推荐其他类型的读物给你，试探你的兴趣，以充实程序对你的认定。）

拥有强大策展权的公司也需要更加努力来培养公共空间和公民意识。平心而论，它们已经在做一些事情了：2010 年 11 月 2 日，使用脸书的用户打开界面，会收到欢迎横幅，请用户点选是否已经投票。如果回答"是"，脸书就会把这个消息分享给用户的朋友。由于有些人其实是因为社会压力而投的票，脸书确实很有可能提高了那年的投票率。同样，谷歌一直努力使投票点的信息更加公开和容易查询，并在选举当天把这一搜索引擎工具放在了首页。不管这是不是营利行为（"搜索你的投票点"功能大概是政治广告的绝佳位置），脸书和谷歌的这两个项目都吸引了用户参与政治，关注公民的权利和义务。

当我问一些工程师和技术记者，个性化算法是否能在这方面做得更好时，他们都很惊讶。有人说，究竟该由谁来判断信息的重要性呢？另一个认为，如果让谷歌工程师将某些信息的价值凌驾于其他信息之上，是不是不太道德。不过话说回来，这正是工程师们天天在做的事。

明确地说，我不想回到过去的美好时光，由一小群全知全能的编辑们单方面决定新闻的重要性。有太多真正重要的新闻（比如卢旺达的种族灭绝）被遗漏了，而太多其实并不重要的新闻被放在头版报道。但我也不认为我们应该完全抛弃编辑把关。雅虎新闻的实践暗示，这两种极端之间不是不可能存在折中：雅虎的新闻团队将个性化算法与老派的编辑把关结合起来。有些新闻对每个人都是可见的，因为它们极其重要。有些就只会推送给部分读者去点击阅读。虽然雅虎的编辑团队花了大量时间去分析点击数据，观察哪些文章受欢迎，哪些被冷落，但他们并不只会以这些数据作为新闻选择的依据。"我们的编辑认为，读者是一群兴趣爱好各不相同的人，而不是海量的定向数据。"雅虎新闻的一名员工告诉我，"尽管我们非常喜欢这些数据，但这些数据也正在被人类过滤，他们正在思考，这些到底是什么意思。而为什么我们认为读者应该重视的新闻，点击率这么低呢？我们应该如何帮助它触达更多的读者？"

此外，还有可以完全依靠算法的解决方案。例如，新闻重不重要，为什么不征求下大家的意见呢？想象一下，在脸书上每个"赞"按钮旁边，都增加一个"重要"按钮，让用户可以二选一，或者两个都选。脸书可以混合这两种信号，得知人们喜欢什么，以及他们认为什么是真正重要的，以此来补充和个性化用户的新闻提要。这样一来，关于巴基斯坦的新闻可见度肯定会提高——甚至连每个人对真正重要事物的非常主观的定义都能考虑进去。协同过滤不一定会导致强迫性的媒体，重点在于能过滤出何种价值来。另一种做法是，谷歌或脸书可以在搜索结果和动态新闻的顶部增加一个滑动条，最左边是"只显示我喜欢的"，最右边是"其他人喜欢，我可能讨厌的"，让用户在严格的个性化和更为多元的多样化之间自行平衡信息流。这种做法有两个优点：一方面清楚地表明正在进行个性化，另一方面让用户对个性化有更多的控制权。

过滤泡的工程师还能再做一份贡献：他们可以通过设计过滤系统，增加意外发现的可能，让人们更容易接触到他们日常经验之外的话题。短期来看，这通常会降低算法优化的效能，因为带有随机要素的个性化系统，（理论上）点击率会比较低。但从长远来看，随着个性化问题越来越为人所知，这可能是一个很好的举措——擅长向消费者介绍新话题的系统可能更受欢迎。也许我们应该举办一场比赛，反网飞之道而行，看看谁最有办法在介绍新话题和想法的同时吸引住读者注意力，胜出者可被授予意外发现奖。

这种让企业多担负一些责任的呼声，可能有点难于落地，但在历史上也不是完全没有先例。19 世纪中叶，办报远不是一项有声誉的行业。当时的报纸具有强烈的倾向性，充满了意识形态，经常随着报纸老板个人的恩怨情仇篡改事实，或者只是为了炒作而添油加醋。沃尔特·李普曼在《自由与新闻》中抨击的正是这种极端商业化和操纵事实的报业风气。

新闻道德的火炬正传递给新一代的策展人，我们期待新媒体能接下火把，光荣续航。我们期待程序员能将公共生活和公民精神写进他们创造的世界。我们也希望网民能够监督和支持他们，使他们不要屈从于金钱压力而脱离正道。

但随着行业利润和社会地位水涨船高，报纸开始寻求改变。在一些大城市，办报可以不必一味追逐丑闻，进行炒作——部分原因是报纸老板有钱了，不用炒作新闻也能维持下去。法院开始认为，新闻业要对公共利益负责，并依此做出相应的裁决。消费者开始要求，报纸的编辑要更加谨慎，更禁得起检视。

在李普曼论述的推动下，编辑伦理开始形成。但并不是所有的报纸都会信守新闻道德，而且即便遵守，程度也不尽理想，经常会屈服于报纸老板和股东的商业压力。它一而再再而三地折腰，接触权力掮客而损害报道真实，满足广告主的要求而压倒读者需求。但最终，报纸终于陪伴读者安然度过一个世纪的乱象。

新闻道德的火炬正传递给新一代的策展人，我们期待新媒体能接下火把，光荣续航。我们期待程序员能将公共生活和公民精神写进他们创造的世界。我们也希望网民能够监督和支持他们，使他们不要屈从于金钱压力而脱离正道。

237

政府和公民能做什么

为过滤泡助力的公司可以做很多事情来减轻个性化的负面影响，以上想法只是一个开始。但最终这些问题实在太重要，不能交给有营利动机的私人行为体去处理，所以要有政府介入。

　　正如谷歌的埃里克·施密特告诉斯蒂芬·科尔伯特（Stephen Colbert）的那样，谷歌终究只是一家公司。即使民营企业有办法在不损害营收的前提下正视这些问题，但这些事情毕竟不是它们的当务之急。因此，在我们每个人尽一己之力戳破过滤泡之后，在企业也竭尽所能做了它们愿意做的事情之后，或许还需要政府出面监督，以确保我们能够控制我们的在线工具，而不是反被工具控制。

　　卡斯·桑斯坦在他的著作《网络共和国：网络社会中的民主问题》（*Republic. com*）中，建议互联网应该遵守一种"公平原则"（fairness doctrine），在这种原则下，信息聚合者必须向受众公开各方的见解。尽管他后来改变了主意，但该提议为监管提供了一个方向：只需要约束策展人使其做出有利于公共利益的行为，让读者能够接触多元的论点即可。我对此持有怀疑态度，部分原因与桑斯坦放弃这个想法的原因相同：策展是一件微妙、动态的事情，既是一门科学，也是一门艺术，很难想象规范编辑伦理不会抑制大量的实验性、风格多样性和未来的成长。

　　在这本书定稿的时候，美国联邦贸易委员会提议仿照非常成功的"禁止电话推销"名单（Do Not Call List）模式，建立一个"禁止追踪"名单。乍一听，这是个好办法："禁止追踪"将为用户建立一个可以选择性退出个性化追踪的机制。但是该方案可能只是个二元选择：要么加入，要么退出。并且通过追踪赚钱的公司可能会直接退出这项方案，而如果个性化服务因此停止，很多用户上网后就会无所适从，很快也会退出"禁止追踪"方案。那么结果，这个过程可能适得其反地"证明"人们并不在乎被追踪，事实上我们大多数人想要的只是对控制方式的微调。

　　在我看来，最佳的平衡点是要求公司给予用户对个人信息真正的控制权。讽刺的是，尽管在线个性化才启动不久，但解决问题的原则却已经明确几十年了。1973年，尼克松政府期间的住房、教育和福利部建议，监管应以"公平信息实践"（Fair Information Practices）为准则：

- 民众应该知道个人信息在谁手上，他们有什么样的信息，用途是什么。
- 民众应该能够防止为某一目的收集的个人信息挪作他用。

- 民众应该能够更正不准确的信息。

- 民众的个人信息数据应该被妥善保管。

近 40 年后，这些原则仍然基本正确，我们仍在等待政府立法实施。但我们不能再等下去了：现在社会上有越来越多的知识工作者，个人数据和"个人品牌"的价值已经超出以往任何一个时代，尤其如果你是个博主或文字工作者，如果你制作有趣的视频或音乐，或者你是教练或顾问，你的在线数字印记是你最有价值的资产之一。未经布拉德·皮特允许，使用他的形象推销手表是违法的，但脸书却可以自由使用你的名字向你的朋友售卖手表。

在世界各地的法庭上，信息掮客会口若悬河地强调——"把你的在线数据交给我们，每个人都会受益"。他们认为消费者有免费的工具可用，从中获得的机会和控制权超过了他们个人数据的价值。但是消费者无从计算这两者价值的高低——虽然消费者获得的控制权是显而易见的，但你失去的控制权（比如你的个人数据被滥用，失去未来就业、贷款的资格等）却很难被察觉。这两者的不对称可谓天渊之别。

更严重的是，即使你仔细阅读某公司的隐私政策，认为条件还算合理，安心交出了你的个人信息使用权，大多数公司却保留了随时改变游戏规则的权利。以脸书为例，它曾经承诺，如果用户浏览过它的某个网页，这些信息将只与用户的朋友分享。但在 2010 年，脸书决定公开所有浏览网页的数据资料。脸书的隐私政策中有一条声明（许多公司的隐私政策里也有）：本公司有权更改条款，效力溯及既往。这等于说，这项条款赋予公司几乎无限的权力让它们可以任意使用个人信息。

为了实施"公平信息实践"原则，我们必须开始将个人信息视为一种个人财产，并享有保护个人财产的权利。个性化的基础建立在不公平的经济交易上，消费者天然处于劣势：虽然谷歌可能知道你的族裔信息对它来说价值多少，但你自己却不知道。虽然你获得的好处也很明显（免费的电邮哦!），坏处（失去的机会、错过的资讯）却是看不见的。将个人信息视为一种财产形式，将有助于增加市场的公平性。

虽然个人信息是一种财产，但它的属性非常特别，因为即使你的个人数据已经转手很久了，它对你依然有切身的利害关系。消费者可能不希望个人信息数据是"一次性买断"的交易行为。或许法国的"道德法则"（moral laws）是一个更好的模板：在该法则中，艺术家在作品售出后，仍可以部分保留对作品的控制权。（提到法国，虽然欧洲法律在保护个人信息方面更接近公平信息实践的精神，但很多案例显示，执行效果却要差很多，部分原因是欧洲民众起诉违法行为要困难得多。）

电子隐私信息中心（the Electronic Privacy Information Center）的执行主任马克·罗滕博格（Marc Rotenberg）说："我们不应该一开始就接受'不大大牺牲隐私权，就没法获得免费服务'这个起点。"这不仅涉及隐私权，也关系到个人信息如何影响我们的资讯接触和机会获取。这些数据代表着我们的生活，我们应该可以追溯和管理，过程应该和安客诚、脸书等公司一样轻松。

硅谷的技术专家有时会把这描绘成一场无法获胜的战斗——消费者已经失去了对个人数据的控制，他们永远也不可能再夺回权利，还不如就此放手，认命了事。但法律对个人信息的规定并非一定要万无一失才会有效。就像法律规定不能偷窃，但还是有人偷了东西后逍遥法外。法律一旦制定出来，就必然会产生摩擦力，会对某些类别的个人信息的传输产生影响，在很多情形下，些许的摩擦力可能会带来很多变化。

此外，现行的法律也能起到保护个人信息的作用。例如《公平信用报告法》（the Fair Credit Reporting Act）规定，信用机构必须向消费者披露其信用报告，并在消费者因信用报告受到歧视时通知本人。这样的保障力度不算很大，但考虑到以前消费者甚至看不到他们的信用报告是否有误（根据美国公共利益研究团体 PIRG 的数据，出错的概率高达 70%），这是在朝着正确的方向迈出了一步。

更大的一步是建立一个专职机构监督个人信息的使用。欧盟和大多数先进国家已经开始监督个人信息的使用方式，美国在这方面却一直落后，保护个人信息的责任被分散在联邦贸易委员会、商务部和其他机构当中。随着我们进入 21 世纪的第二个十年，是应该认真对待这个问题的时候了。

知易行难：个人信息保护是一个动态的平衡，既要保护消费者和公民的权益，也不能罔顾公司的利益，其中需要进行大量的微调。最坏的情况是，制定新法律的过程可能比它们试图要阻止的行为本身更繁重。但是，这件事务必尽快做好，免得靠个人信息获利的公司有更大的动机阻挠法案。

考虑到依靠个人信息谋利前景巨大，以及金钱对于美国立法系统的控制力，想让业界改革并不容易。因此，为了拯救我们的数字生态，我们最终还需要一批新的数字环保主义者，大家齐心协力，保护我们创造的网络空间朝着好的方向发展。

接下来的几年，管理未来十年或更长时间网络生活的法规将一一出炉，互联网大财团们正排队等着插手立法。通信巨头坐拥互联网基础设施，拥有巨大的政治影响力。AT&T 名列美国政治四大献金公司之一，排名甚至超越了石油公司和制药厂。第二梯队中像谷歌这样的公司也明白，政治影响力至关重要：埃里克·施密特是白宫的常客。像微软、谷歌和雅虎这样的公司，已经对美国政府斥资数百万美元来深化政治影响力。大家通常认为，Web 2.0 为民众赋权，但讽刺的是，一些老生常谈仍然适用：在争夺互联网控制权的斗争中，各个阵营都严阵以待，唯有人民一盘散沙。

但那只是因为大多数民众还不知道跻身争斗。使用互联网，并对其未来进行投资的民众数量众多，体量大大超过业界的游说者。这些民众分散在各个党派、族裔、社会经济阶层和年龄段，这场个人信息之争关涉他们的切身利益。还有许多小型在线企业，对其而言，维护一个民主的公益导向的网络对其有百利无一害。如果网络大众认为互联网必须开放，公益精神非常重要，决定为此挺身而出，如果我们能加入像自由新闻（Free Press，一个无党派的基层媒体改革游说团体，宗旨是促进媒体改革）这样的组织，多打电话给国会，在市民大会上发问，给带头的代表捐款，那些业界游说者也不见得就可以为所欲为。

随着数十亿人在印度、巴西和非洲开始上网，互联网正转变成为一个真正的地球村。它将越来越成为我们赖以生活的地方。但谁都不愿看到，最终数十亿人的工作、娱乐、交流和世界观都被一小撮美国公司垄断控制。网络兴起伊始，愿望是人人相连，网民自主，而保护这份初心是我们所有人不容推脱的当务之急。

致　谢

　　写作可能是一门孤独的职业，但思考不是。在本书的写作过程中，最大的收获之一就是有机会集思广益，向一群极具智慧、道德高尚的贤者学习。而如果没有众多的幕后合作者（有时并不知情），本书不会是今天这样，也不会有什么看点。在此我谨以有限的篇幅尽最大努力诚挚地感谢那些有直接贡献的朋友。但是还有更多的朋友在研究、写作或哲学方面形塑了我的思维，迫使我以新的方式思考，首先要感谢拉里·莱西格、尼尔·波兹曼（Neil Postman）、卡斯·桑斯坦、马歇尔·麦克卢汉、马文·明斯基（Marvin Minsky）和迈克尔·舒德森。本书当中的精华在很大程度上都有赖于这一大批思想家的贡献。而如有疏漏不足，则都是我的责任。

　　《过滤泡》始于 2010 年年初我草草写下的零碎随笔。我的文学经纪人埃莉丝·切尼（Elyse Cheney）给了我信心，把它写成一本书。她敏锐的编辑眼光、过人的才智和清新直率的评价（"那部分相当不错。这一章呢，就不是很好。"）极大地提升了定稿的水准。我知道感谢经纪人是理所当然的。但埃莉丝不仅仅是本书的经纪人——她既是支持者，也是批评者，不断推动和鞭策它（和我）。不管最后的文稿是否符合她的标准，我受益良多，真的非常感激她。她的团队成员莎拉·雷恩（Sarah Rainone）和汉娜·埃尔南（Hannah Elnan），也是超棒的合作伙伴。

　　催生本书的三巨头中的另外两名，是我在企鹅出版社的编辑安·戈多夫（Ann Godoff）和劳拉·斯蒂克尼（Laura Stickney）。安的智慧帮我敲定了本书的内容，指引我明确了我的读者是谁；劳拉目光敏锐、绵里藏针的提问帮我发现文中的言辞疏漏、逻辑跳跃和对理解的障碍。我对两位感恩在心。

还有一组"三重唱"值得大书特书，不仅仅是因为他们连推带拉让本书冲过终点线，还因为书中一些最精彩的见解都来自他们的启发。研究助理凯特琳·彼得（Caitlin Petre）、萨姆·诺维（Sam Novey）和朱莉娅·卡明（Julia Kamin）搜遍了整个互联网，在满是灰尘的图书馆挖地三尺，帮我弄清楚到底发生了什么事。萨姆，是我的常任"唱反调者"，不断督促我在下笔之前再反复地深入思考。朱莉娅以敏锐的科学质疑精神，帮我排除掉了那些似是而非的学术资料，如果不是她，我可能会误用而不自知。凯特琳聪慧、勤奋，充满洞见的批判经常让我恍然大悟。没有你们，本书绝无付梓之日。谢谢你们。

写作过程中，收获最大的部分是有机会电话访问或者面访那些杰出人士，能和他们坐下来面对面请教问题。我谨在此列出名单，感谢他们的回应为本书增加更多的信息量：C. W. 安德森、肯·奥勒塔（Ken Auletta）、约翰·巴特尔、比尔·毕晓普、马特·科勒、加布里埃拉·科尔曼、多尔顿·康利、克里斯·科因、帕姆·狄克逊、卡特丽娜·费克（Caterina Fake）、马修·欣德曼（Matthew Hindman）、比尔·乔伊、戴夫·卡尔夫（Dave Karpf）、杰伦·拉尼尔、史蒂夫·利维、黛安娜·穆茨（Diana Mutz）、尼古拉斯·尼葛洛庞帝、马库斯·普赖尔（Markus Prior）、罗伯特·帕特南、约翰·伦登、杰伊·罗森（Jay Rosen）、马克·罗滕博格、道格拉斯·拉什科夫、迈克尔·舒德森、丹尼尔·索罗夫、丹尼·沙利文、菲利普·泰特洛克、克莱夫·汤普森和乔纳森·齐特林。感谢伊桑·朱克曼（Ethan Zuckerman）、斯科特·海夫曼、戴维·柯克帕特里克、克莱·舍基、尼克·米尔（Nicco Mele）、迪安·埃克尔斯、杰西·亨普尔（Jessi Hempel）和瑞安·卡洛，与他们的谈话尤其具有启发性和帮助。感谢谷歌的奈特·泰勒（Nate Tyler）和乔纳森·麦菲，他们对我的询问进行思考并

217

作出回应。令人称奇的是，不管是真实的好友还是脸书上的网友，大家对我的话题回复都一样快，这对我帮助很大，给了我很多丰富鲜活的逸事和案例。

承蒙以下机构和社区的厚爱与帮助，我的写作过程才如此顺利。如果没有夏天在蓝山中心研究和写作的几个月，我根本无法完成本书。我要特别感谢本、哈丽雅特以及我的同伴们给我提供一个空间思考，对我惠赐高见［特别是凯里·麦肯齐（Carey Mckenzie）的建议］，一起深夜游泳。罗斯福研究所去年慷慨地接纳了我，由衷地感谢安迪·里奇（Andy Rich）和博·卡特（Bo Cutter）对我的智力激励，和他们讨论获益良多。在线民主的迈卡·西里（Micah Sifry）和安德鲁·拉塞吉（Andrew Raseij）两位好友促成了让我在个人民主论坛（the Personal Democracy Forum）首次提出本书观点的契机。写作的过程中，戴维·芬顿（David Fenton）对我步步提携，不但让我借住在他家构思创作，还兼任顾问，帮助本书找到读者。戴维，你是个不可多得的好友。我还要感谢芬顿通信公司（Fenton Communications），尤其是我善良、体贴的朋友莉萨·威特（Lisa Witter）慷慨地支持了让我探索个性化问题的早期调查。

无论过去还是现在，我对 MoveOn 团队的感谢都溢于言表，我从他们那里学到了很多关于政治、技术和人的知识。凯莉、扎克、琼、帕特里克、汤姆、妮塔、詹恩、本、马特、娜塔莉、诺厄、亚当、罗兹、贾斯汀、伊利斯和全体人员：你们是我见过的最成熟、最发人深省的群体，能和你们合作我深感幸运。

手稿在付梓前几周才准备妥当，感谢以下各位善意相助，拨冗为我校稿：韦斯·博伊德、马特·尤因（Matt Ewing）、兰德尔·法默（Randall Farmer）、丹尼尔·明茨（Daniel Mintz）、我的父母伊曼纽尔·帕里泽（Emanuel Pariser）和多拉·利沃夫（Dora Lievow），当然还有萨姆、凯特琳和朱莉娅。如果没有他们的修改笔记，一想到会出版什么样的版本，我就不寒而栗。托德·罗杰斯（Todd Rogers）、安妮·奥德怀尔（Anne O'Dwyer）、帕特里克·凯恩（Patrick Kane）、戴维·柯克帕特里克和杰西·亨普尔也都伸出过援助之手，校对过本书的多个部分。我再怎么感谢克丽丝塔·威廉斯（Krista Williams）和阿曼达·卡茨（Amanda Katz）也不为过，他们出色的编辑创意拯救了一些病恹恹的章节，使之恢复活力（克丽丝塔，我要再次感谢你的友情）。斯蒂芬妮·霍普金斯（Stephanie Hopkins）和米雷拉·伊维亚克（Mirela Iverac）在最后关头为手稿提供了宝贵的帮助，必须感谢。

最深的感谢我要留到最后。我的一生，受益于恩师教诲，恩情无法度量，仅在此列举几位：林肯维尔中央小学的卡伦·斯科特（Karen Scott）、道格·哈米尔（Doug Hamill）和莱斯利·西蒙斯（Leslie Simmons）老师；卡姆登-罗克波特高中的乔恩·波特（Jon Potter）和罗布·洛弗尔（Rob Lovell）老师；还有西蒙之石的芭芭拉·雷斯尼克（Barbara Resnik）和彼得·科克斯（Peter Cocks）老师。本书如果读来清楚明白，都要归功这几位恩师的功劳。我很幸运有一些真正的好朋友。我不能在这里列出你们所有人，但你们应该知道我指的是谁。我特别感谢阿拉姆和劳拉·凯连（Lara Kailian）、泰特·豪斯曼（Tate Hausman）、诺厄·温纳（Noah T. Winer）、尼克·阿伦斯（Nick Arons）、本和贝丝·维克勒（Beth Wikler），从你们那里我得到了无条件的支持与关爱。我的人生目标之一，就是要像你们对我一样回报各位。

我人生道路上的每一步，都有家人的鼓励，他们也形塑了我的思考。热情拥抱并郑重致谢我的母亲多拉·利沃夫，我的父亲伊曼纽尔·帕里泽，继母莉·吉拉德登（Lea Girardin），还有我的妹妹雅佳（Ya Jia）。弟弟埃本·帕里泽（Eben Pariser）不仅督促我，还在我萎靡不振的时候烘焙美味的比萨，帮我打气完成终稿。他是个好兄弟，还是优秀的音乐人（你如果听过他的乐队罗斯福·迪姆，就知道我所言不虚）。布朗温·赖斯（Bronwen Rice）或许不算是正式的家庭成员，但无论如何我还是要把她列在这里一并感谢：谢谢你这么多年来一直让我忠于自己。

最后要感谢四个人，他们的慷慨、智慧和厚爱，我无以言表：

韦斯·博伊德敢为一个 21 岁的毛头小伙赌一把，他在 MoveOn 指导了我八年，比其他任何人都信任我，包括我自己。本书汲取了大量我们这么多年来谈话中的见解，再没有谁比你更能激发我思考了。彼得·科奇利

250

（Peter Koechley），我真正的朋友与合作者，在写作中和写作外的艰难时刻，是你一直在鼓励我。有你这样才华横溢又谦逊体面的朋友是我一辈子的福分。维维安·拉顿（Vivien Labaton），我已经词穷了，发自内心地说，你是最棒的。最后要感激的是吉娜·康斯坦丁（Gena Konstantinakos）。吉娜，出这本书，没有人比你压力更大——我连着几个月周末加班，深夜赶工，提早上班，加上改稿压力山大，不断拖延交稿，这些你都泰然处之，而且不辞辛苦，为我打气，帮我用笔记卡片整理章节，一路为我欢呼加油。有些日子，我一早醒来，想到我的枕边人是如此聪颖美丽，才华横溢，坚持原则，乐观善良，我依然会心藏惊喜。我爱你。

延伸阅读

Alexander, Christopher, Sara Ishikawa, and Murray Silverstein. *A Pattern Language*: *Towns*, *Buildings*, *Construction*. New York: Oxford University Press, 1977.

Anderson, Benedict. *Imagined Communities*: *Reflections on the Origin and Spread of Nationalism*. New York: Verso, 1991.

Battelle, John. *The Search*: *How Google and Its Rivals Rewrote the Rules of Business and Transformed Our Culture*. New York: Portfolio, 2005.

Berger, John. *Ways of Seeing*. New York: Penguin, 1973.

Bishop, Bill. *The Big Sort*: *Why the Clustering of Like-Minded America Is Tearing Us Apart*. New York: Houghton Mifflin Company, 2008.

Bohm, David. *On Dialogue*. New York: Routledge, 1996.

Conley, Dalton. *Elsewhere*, *U.S.A.*: *How We Got from the Company Man*, *Family Dinners*, *and the Affluent Society to the Home Office*, *BlackBerry Moms*, *and Economic Anxiety*. New York: Pantheon Books, 2008.

Dewey, John. *Public and Its Problems*. Athens, OH: Swallow Press, 1927.

Heuer, Richards J. *Psychology of Intelligence Analysis*. Washington, D.C.: Central Intelligence Agency, 1999.

Inglehart, Ronald. *Modernization and Postmodernization*. Princeton: Princeton University Press, 1997.

Kelly, Kevin. *What Technology Wants*. New York: Viking, 2010.

Koestler, Arthur. *The Act of Creation*. New York: Arkana, 1989.

Lanier, Jaron. *You Are Not a Gadget*: *A Manifesto*. New York: Alfred A. Knopf, 2010.

Lessig, Lawrence. *Code*: *And Other Laws of Cyberspace*, *Version* 2.0. New York: Basic Books,

2006.

Lippmann, Walter. *Liberty and the News*. Princeton: Princeton University Press, 1920.

Minsky, Marvin. *A Society of Mind*. New York: Simon and Schuster, 1988.

Norman, Donald A. *The Design of Everyday Things*. New York: Basic Books, 1988.

Postman, Neil. *Amusing Ourselves to Death: Public Discourse in the Age of Show Business*. New York: Penguin Books, 1985.

Schudson, Michael. *Discovering the News: A Social History of American Newspapers*. New York: Basic Books, 1978.

Shields, David. *Reality Hunger: A Manifesto*. New York: Alfred A. Knopf, 2010.

Shirky, Clay. *Here Comes Everybody: The Power of Organizing Without Organizations*. New York: The Penguin Press, 2008.

Solove, Daniel J. *Understanding Privacy*. Cambridge, MA: Harvard University Press, 2008.

Sunstein, Cass R. *Republic. com* 2. 0. Princeton: Princeton University Press, 2007.

Turner, Fred. *From Counterculture to Cyberculture: Stewart Brand, the Whole Earth Network, and the Rise of Digital Utopianism*. Chicago: The University of Chicago Press, 2006.

Watts, Duncan J. *Six Degrees: The Science of a Connected Age*. New York: W. W. Norton & Company, 2003.

Wu, Tim. *The Master Switch: The Rise and Fall of Information Empires*. New York: Alfred A. Knopf, 2010.

Zittrain, Jonathan. *The Future of the Internet—And How to Stop It*. New Haven: Yale University Press, 2008.

注 释

（行首数字为英文原书页码，即本书边码）

前 言

1 "死了一只松鼠"（**"A squirrel dying"**）：David Kirkpatrick, *The Facebook Effect：The Inside Story of the Company That Is Connecting the World*（New York：Simon and Schuster, 2010）, 296.

1 "工具反过来塑造我们"（**"thereafter our tools shape us"**）：Marshall McLuhan, *Understanding Media：The Extensions of Man*（Cambridge：MIT Press, 1994）.

1 "每个人都有个性化的搜索"（**"Personalized search for everyone"**）：*Google* Blog, Dec. 4, 2009, accessed Dec. 19, 2010, http：//googleblog. blogspot. com/2009/12/personalized-search-for-everyone. html.

2 谷歌开始使用 **57** 种"信号"（**Google would use fifty-seven *signals***）：Author interview with confidential source.

6 《华尔街日报》的一项研究（***Wall Street Journal* study**）：Julia Angwin, "The Web's New Gold Mine：Your Secrets," *Wall Street Journal*, July 30, 2010, accessed Dec. 19, 2010, http：//online. wsj. com/article/SB10001424052748703940904575395073512989404. html.

6 "雅虎"（**"Yahoo"**）：尽管雅虎的官方标识是 Yahoo!，但为方便阅读起见，我在全书省去了感叹号。

6 安装多达 **223** 个 **cookies**（**site installs 223 tracking cookies**）：Julia Angwin, "The Web's New Gold Mine：Your Secrets," *Wall Street Journal*, July 30, 2010, accessed Dec. 19, 2010, http：//online. wsj. com/article/SB1000142405274870394090457539507351298940. html.

6 特氟隆涂层锅（**Teflon coated pots**）：在我写作本书的过程中，美国广播公司新闻网正在使用一款叫作"AddThis"的分享软件。当你使用这款软件分享美国广播公司新闻网（或其他网站）的内容时，AddThis 会在你的电脑上设置追踪器，用来定向投放广告。

6-7 **"付出的代价是个人信息"**（**"the cost is information about you"**）：Chris Palmer, phone interview with author, Dec. 10, 2010.

7 **96%的美国人**（**96 percent of Americans**）：Richard Behar, "Never Heard of Acxiom? Chances Are It's Heard of You." *Fortune*, Feb. 23, 2004, accessed Dec. 19, 2010, http://money.cnn.com/magazines/fortune/fortune_archive/2004/02/23/362182/index.htm.

7 **每个人平均积累了 1 500 条记录**（**accumulated an average of 1,500 pieces of data**）：Stephanie Clifford, "Ads Follow Web Users, and Get More Personal," *New York Times*, July 30, 2009, accessed Dec. 19, 2010, www.nytimes.com/2009/07/31/business/media/31privacy.html.

8 **网飞可以预测**（**Netflix can predict**）：Marshall Kirkpatrick, "They Did It! One Team Reports Success in the $1m Netflix Prize," *ReadWriteWeb*, June 26, 2009, accessed Dec. 19, 2010, www.readwriteweb.com/archives/they_did_it_one_team_reports_success_in_the_1m_net.php.

8 **网站如果不尽快针对用户量身定制服务，就肯定会过气**（**Web site that isn't customized...will seem quaint**）：Marshall Kirpatrick, "Facebook Exec: All Media Will Be Personalized in 3 to 5 Years," *ReadWriteWeb*, September 29, 2010, accessed January 30, 2011, www.readwriteweb.com/archives/facebook_exec_all_media_will_be_personalized_in_3.php.

8 **"现在网络注重的是'个体'"**（**"now the web is about 'me'"**）：Josh Catone, "Yahoo: The Web's Future Is Not in Search," *ReadWriteWeb*, June 4, 2007, accessed Dec. 19, 2010, www.readwriteweb.com/archives/yahoo_personalization.php.

8 **"告诉他们下一步该做什么"**（**"tell them what they should be doing next"**）：James Farrar, "Google to End Serendipity (by Creating It)," *ZDNet*, Aug. 17, 2010, accessed Dec. 19, 2010, www.zdnet.com/blog/sustainability/google-to-end-serendipity-by-creating-it/1304.

8 **正成为用户的主要新闻源**（**are becoming a primary news source**）：Pew Research Center, "Americans Spend More Time Following the News," Sept. 12, 2010, accessed Feb. 7, 2011, http://people-press.org/report/?pageid=1793.

8 **每天都有近一百万人注册新账户**（**million more people join each day**）：Justin Smith, "Facebook Now Growing by Over 700,000 Users a Day, and New Engagement Stats," July 2, 2009, accessed February 7, 2011, www.insidefacebook.com/2009/07/02/facebook-now-growing-by-over-700000-users-a-day-updated-engagement-stats/.

8 **世界上最大的新闻来源**（**biggest source of news in the world**）：Ellen McGirt, "Hacker.

Dropout. CEO," *Fast Company*, May 1, 2007, accessed Feb. 7, 2011, www. fastcompany. com/magazine/115/open_ features-hacker-dropout-ceo. html.

11　**90 万篇博客文章，5 000 万条推文（information：900,000 blog posts，50 million tweets）**："Measuring tweets," *Twitter* Blog, Feb. 22, 2010, accessed Dec. 19, 2010, http：//blog. twitter. com/2010/02/measuring-tweets. html.

11　**6 000 多万条脸书状态更新和 2 100 亿封电子邮件（60 million Facebook status updates，and 210 billion e-mails）**："A Day in the Internet," Online Education, accessed Dec. 19, 2010, www. onlineeducation. net/internet.

11　**大约有 50 亿 GB 的存储量（about 5 billion gigabytes）**：M. G. Siegler, "Eric Schmidt：Every 2 Days We Create as Much Information as We Did up to 2003," *Tech-Crunch* Blog, Aug. 4, 2010, accessed Dec. 19, 2010, http：//techcrunch. com/2010/08/04/schmidt-data.

11　**两座体育场大小的综合大楼（two new stadium-size complexes）**：Paul Foy, "Gov't Whittles Bidders for NSA's Utah Data Center," Associated Press, Apr. 21, 2010, accessed Dec. 19, 2010, http：//abcnews. go. com/Business/wireStory? id = 10438827& page = 2.

11　**新的计量单位（new units of measurements）**：James Bamford, "Who's in Big Brother's Database?," *The New York Review of Books*, Nov. 5, 2009, accessed Feb. 8, 2011, www. google. com/url? sa = t&source = web&cd = 1&ved = 0CBMQFjAA&url = http% 3A% 2F% 2Fwww. nybooks. com% 2Farticles% 2Farchives% 2F2009% 2Fnov% 2F05% 2Fwhos-in-big-brothers-database% 2F&rct = j&q = bamford% 20nsa% 20yotta bytes&ei = JktQTcbNCcq4tweqhb22AQ&usg = AFQjCNEy1IQnMpIDSfOI9V1253w7lKE_ 0 g&sig2 = 5ZJNItUJ-y0RpBYAQiO8Tw&cad = rja.

11　**注意力崩溃（the attention crash）**：Steve Rubel, "Three Ways to Mitigate the Attention Crash, Yet Still Feel Informed," *Micro Persuasion* （Steve Rubel's blog）, Apr. 30, 2008, accessed Dec. 19, 2010, www. micropersuasion. com/2008/04/three-ways-to-m. html.

13　**"回到瓶子里去了"（"back in the bottle"）**：Danny Sullivan, phone interview with author, Sept. 10, 2010.

13　**成为我们日常生活体验的一部分（part of our daily experience）**：Cass Sunstein, *Republic. com* 2. 0. （Princeton：Princeton University Press, 2007）.

14　**"扭曲你对世界的看法"（"skew your perception of the world"）**：Ryan Calo, phone interview with author, Dec. 13, 2010.

14　**"相当于肥胖症的心理状况"（"the psychological equivalent of obesity"）**：Danah Boyd, "Streams of Content, Limited Attention：The Flow of Information through Social

Media," speech, Web 2.0 Expo. (New York, NY: 2009), accessed July 19, 2010, www. danah. org/papers/talks/Web2Expo. html.

15 "战略性地选择时机" 进行在线推广 (**"strategically time" their online solicita-tions**)："Ovulation Hormones Make Women 'Choose Clingy Clothes,'" BBC News, Aug. 5, 2010, accessed Feb. 8, 2011, www. bbc. co. uk/news/health-10878750.

16 第三方营销公司 (**third-party marketing firms**)："Preliminary FTC Staff Privacy Report" remarks of Chairman Jon Leibowitz, as prepared for delivery, Dec. 1, 2010, accessed Feb. 8, 2011, www. ftc. gov/speeches/leibowitz/101201privacyreportre marks. pdf.

16 尤查·本科勒教授认为 (**Yochai Benkler argues**)：Yochai Benkler, "Siren Songs and Amish Children: Autonomy, Information, and Law," *New York University Law Review*, April 2001.

17 进入众多不同的人际网络 (**tap into lots of different networks**)：Robert Putnam, *Bowling Alone: The Collapse and Revival of American Community* (New York: Simon and Schuster, 2000).

17 "让我们天涯若比邻" (**"make us all next door neighbors"**)：Thomas Friedman, "It's a Flat World, After All," *New York Times*, Apr. 3, 2005, accessed Dec. 19, 2010, www. nytimes. com/2005/04/03/magazine/03DOMINANCE. html?pagewanted = all.

17 "世界将变得越来越小，速度会越来越快" (**"smaller and smaller and faster and faster"**)：Thomas Friedman, *The Lexus and the Olive Tree* (New York: Random House, 2000), 141.

18 "不仅只有利己的金钱" (**"closes the loop on pecuniary self-interest"**)：Clive Thompson, interview with author, Brooklyn, NY, Aug. 13, 2010.

18 "消费者永远是对的，但民众不等同于消费者" (**"Customers are always right, but people aren't"**)：Lee Siegel, *Against the Machine: Being Human in the Age of the Electronic Mob* (New York: Spiegel and Grau, 2008), 161.

19 每周收看 **36** 个小时电视 (**thirty-six hours a week watching TV**)："Americans Using TV and Internet Together 35% More Than a Year Ago," Nielsen Wire, Mar. 22, 2010, accessed Dec. 19, 2010, http://blog. nielsen. com/nielsenwire/online _ mobile/three-screen-report-q409.

19 "网络空间的心智文明" (**"civilization of Mind in cyberspace"**)：John Perry Barlow, "A Cyberspace Independence Declaration," Feb. 9, 1996, accessed Dec. 19, 2010, http://w2. eff. org/Censorship/Internet_ censorship_ bills/barlow_ 0296. declaration.

19 "代码就是法律" (**"code is law"**)：Lawrence Lessig, *Code* 2.0 (New York: Basic Books, 2006), 5.

第一章 相关性的追逐赛

21 "不付费，你就不是顾客"（**"If you're not paying for something, you're not the customer"**）：*MetaFilter* blog，accessed Dec. 10，2010，www. metafilter. com/95152/ Userdriven-discontent.

22 "改变电视节目的性、暴力内容和政治倾向"（**"vary sex，violence，and political leaning"**）：Nicholas Negroponte，*Being Digital*（New York：Knopf，1995），46.

22 "我的日报"（**"the Daily Me"**）：Negroponte，*Being Digital*，151.

22 "智能代理无疑是计算机技术的未来"（**"intelligent agents are the unequivocal future"**）：Negroponte，Mar. 1，1995，e-mail to the editor，Wired. com，Mar. 3，1995，www. wired. com/wired/archive/3. 03/negroponte. html.

23 "智能代理的问题日渐成为决定性因素"（**"The agent question looms"**）：Jaron Lanier. "Agents of Alienation," accessed January 30，2011，www. jaronlanier. com/agentalien. html

24 最糟糕的 **25** 个科技产品（**twenty-five worst tech products**）：Dan Tynan， "The 25 Worst Tech Products of All Time," *PC World*，May 26，2006，accessed Dec. 10，2010，www. pcworld. com/article/125772-3/the_ 25_ worst_ tech_ products_ of_ all_ time. html#bob.

24 投资了超过 **1** 亿美元（**invested over ＄100 million**）：Dawn Kawamoto， "Newsmaker：Riding the Next Technology Wave," CNET News，Oct. 2，2003，accessed January 30，2011，http：//news. cnet. com/2008-7351-5085423. html.

25 "他很像约翰·欧文"（**"he's a lot like John Irving"**）：Robert Spector，*Get Big Fast*（New York：HarperBusiness，2000），142.

25 "小型人工智能公司"（**"small Artificial Intelligence company"**）：Spector，*Get Big Fast*，145.

26 惊讶地发现图书竟然位居这份清单榜首（**surprised to find them at the top**）：Spector，*Get Big Fast*，27.

26 兰登书屋只控制了 **10％** 的市场（**Random House，controlled only 10 percent**）：Spector，*Get Big Fast*，25.

26 多达 **300** 万本热门图书（**so many of them—3 million active title**）：Spector，*Get Big Fast*，25.

27 他们称自己的研究领域为"控制论"（**They called their field "cybernetics"**）：Barnabas D. Johnson， "Cybernetics of Society," The Jurlandia Institute，accessed Jan. 30，2011，www. jurlandia. org/cybsoc. htm.

27 帕洛阿尔托研究中心以提出被广泛采纳和商业化的想法而闻名（**PARC was known**

for...）：Michael Singer, "Google Gobbles Up Outride," *InternetNews. com*, Sept. 21, 2001, accessed Dec. 10, 2010, www. internetnews. com/bus-news/article. php/889381/ Google-Gobbles-Up-Outride. html.

27 协同过滤（**collaborative filtering**）：Moya K. Mason, "Short History of Collaborative Filtering," accessed Dec. 10, 2010, www. moyak. com/papers/collaborative-filtering. html.

28 "处理任何传入的电子文档流"（**"handle any incoming stream of electronic documents"**）：David Goldberg, David Nichols, Brian M. Oki and Douglas Terry, "Using Collaborative Filtering to Weave an Information Tapestry," *Communications of the ACM* 35 （1992）, no. 12：61.

28 "根据需要发送回复"（**"sends replies as necessary"**）：Upendra Shardanand, "Social Information Filtering for Music Recommendation"（graduate diss. , Massachusetts Institute of Technology, 1994）.

29 与健康相关的图书则会变少（**fewer health books**）：Martin Kaste, "Is Your E-Book Reading Up On You?," NPR. org, Dec. 15, 2010, accessed Feb. 8, 2010, www. npr. org/2010/12/15/132058735/is-your-e-book-reading-up-on-you.

30 貌似"客观"的推荐（**as if by an "objective" recommendation**）：Aaron Shepard, *Aiming at Amazon*：*The NEW Business of Self Publishing*, *Or How to Publish Your Books with Print on Demand and Online Book Marketing*（Friday Harbor, WA：Shepard Publications, 2006）, 127.

31 "关于'相关'的概念"（**"notion of 'relevant'"**）：Sergey Brin and Lawrence Page, "The Anatomy of a Large-Scale Hypertextual Web Search Engine," Section 1. 3. 1.

31 广告带来了相当多的诱惑（**advertising causes enough mixed incentives**）：Brin and Page, "The Anatomy of a Large-Scale Hypertextual Web Search Engine," Section 8 Appendix A.

32 "获取这些数据非常困难"（**"very difficult to get this data"**）：Brin and Page, "The Anatomy of a Large-Scale Hypertextual Web Search Engine," Section 1. 3. 2.

33 "暗黑行动"式的感觉（**black-ops kind of feel**）：Saul Hansell, "Google Keeps Tweaking its Search Engine," *New York Times*, June 3, 2007, accessed Feb. 7, 2011, www. nytimes. com/2007/06/03/business/yourmoney/03google. html?_ r = 1.

33 "准确地给出你想要的结果"（**"give back exactly what you want"**）：David A. Vise and Mark Malseed, *The Google Story*（New York：Bantam Dell, 2005）, 289.

34 "古代鲨鱼牙齿"（**"ancient shark teeth"**）：Patent Full Text, accessed Dec. 10, 2010, http：//patft. uspto. gov/netacgi/nph-Parser?Sect1 = PTO2&Sect2 = HITOFF&u = % 2Fnetahtml% 2FPTO% 2Fsearch-adv. htm&r = 1&p = 1&f = G&l = 50&d = PTXT&S1 = 7, 451, 130. PN. &OS = pn/7, 451, 130&RS = PN/7, 451, 13.

35　"可能称之为人工智能"（**"could call that artificial intelligence"**）：Lawrence Page，Google Zeitgeist Europe Conference，May 2006.

35　"回答更具假设性的问题"（**"answer a more hypothetical question"**）："Hyper-personal Search 'Possible,'" BBC News，June 20，2007，accessed Dec. 10，2010，http：// news. bbc. co. uk/2/hi/technology/6221256. stm.

36　"我们是一家公用事业公司"（**"We're a utility"**）：David Kirkpatrick，"Facebook Effect," *New York Times*，June 8，2010，accessed Dec. 10，2010，www. nytimes. com/ 2010/06/08/books/excerpt-facebook-effect. html?pagewanted = 1.

37　"在一天内制作更多的新闻"（**"more news in a single day"**）：Ellen McGirt，"Hacker. Dropout. CEO," *Fast Company*，May 1，2007，accessed Feb. 7，2011，http：// www. fastcompany. com/magazine/115/open_ features-hacker-dropout-ceo. html.

37－38　取决于三个因素（**it rests on three factors**）：Jason Kincaid，"EdgeRank：The Secret Sauce That Makes Facebook's News Feed Tick," *TechCrunch* Blog，Apr. 22，2010，accessed Dec. 10，2010，http：//techcrunch. com/2010/04/22/facebook-edgerank.

38　用户数量达到了 3 亿（**the 300 million user mark**）：Mark Zuckerberg，"300 Million and On," *Facebook* Blog，Sept. 15，2009，accessed Dec. 10，2010，http：//blog. facebook. com/blog. php?post = 136782277130.

38　《华盛顿邮报》的主页（**the *Washington Post* homepage**）：Full disclosure：In the spring of 2010，I briefly consulted with the *Post* about its online communities and Web presence.

39　"最具变革意义的事情"（**"the most transformative thing"**）：Caroline McCarthy，"Facebook F8：One Graph to Rule Them All," CNET News，Apr. 21，2010，accessed Dec. 10，2010，http：//news. cnet. com/8301-13577_ 3-20003053-36. html.

39　每月分享的内容多达 250 亿条（**sharing 25 billion items a month**）：M. G. Siegler，"Facebook：We'll Serve 1 Billion Likes on the Web in Just 24 Hours," *TechCrunch* Blog，Apr. 21，2010，accessed Dec. 10，2010，http：//techcrunch. com/2010/04/21/facebook-like-button.

42　安客诚知道更多（**Acxiom knew more**）：Richard Behar，"Never Heard of Acxiom？Chances Are It's Heard of You," *Fortune*，Feb. 23，2004，accessed Dec. 10，2010，http：//money. cnn. com/magazines/fortune/fortune_ archive/2004/02/23/362182/index. htm.

43　为美国最大的公司中的大多数提供服务（**serves most of largest companies in America**）：InternetNews. com Staff，"Acxiom Hacked，Customer Information Exposed," *InternetNews. com*，Aug. 8，2003，accessed Dec. 10，2010，www. esecurityplanet. com/ trends/article. php/2246461/Acxiom-Hacked-Customer-Information-Exposed. htm.

43 "我们生产的产品是数据"（**"product we make is data"**）：Behar，"Never Heard of Acxiom？"

44 哪家公司价格最高哪家公司就可以中标（**auctions it off to the company with the highest bid**）：Stephanie Clifford，"Your Online Clicks Have Value，for Someone Who Has Something to Sell，" *New York Times*，Mar. 25，2009，accessed Dec. 10，2010，www. nytimes. com/2009/03/26/business/media/26adco. html?_ r = 2.

44 整个过程在不消一秒钟的时间内就能完成（**...takes under a second**）：The Center for Digital Democracy，U. S. Public Interest Research Group，and the World Privacy Forum's complaint to the Federal Trade Commission，Apr. 8，2010，accessed Dec. 10，2010，http：//democraticmedia. org/real-time-targeting.

44 在没有购买任何东西的情况下就退出了网站（**leave without buying anything**）：Press release，FetchBack Inc.，Apr. 13，2010，accessed Dec. 10，2010，www. fetchback. com/press_ 041310. html.

45 "每年可以提供超过 **620** 亿个实时属性的数据点"（**"62 billion real-time attributes a year"**）：The Center for Digital Democracy，U. S. Public Interest Research Group，and the World Privacy Forum's complaint to the Federal Trade Commission.

45 名字不甚讨喜的企业 **Rubicon Project**（**the Rubicon Project**）：The Center for Digital Democracy，U. S. Public Interest Research Group，and the World Privacy Forum's complaint to the Federal Trade Commission.

第二章　用户即内容

47 "破坏了民主的生活方式"（**"undermines the democratic way of life"**）：John Dewey，*Essays*，*Reviews*，*and Miscellany*，*1939-1941*，*The Later Works of John Dewey*，*1925-1953*，vol. 14（Carbondale：Southern Illinois University Press，1998），227.

47 "为他们量身定做"（**"been tailored for them"**）：Holman W. Jenkins Jr.，"Google and the Search for the Future，" *Wall Street Journal*，Aug. 14，2010，accessed Dec. 11，2010，http：//online. wsj. com/article/SB10001424052748704901104575423294099527212. html.

48 "不知道是哪一半"（**"don't know which half"**）：John Wanamaker，U. S. department store merchant，as quoted in Marilyn Ross and Sue Collier，*The Complete Guide to Self-Publishing*（Cincinnati，OH：Writer's Digest Books，2010），344.

49 市场营销部门的一位高管（**One executive in the marketing session**）：I wasn't able to identify him in my notes.

49 如今在 **2010** 年，它们只收到了（**Now, in 2010, they only received**）：Interactive Advertising Bureau PowerPoint report，"Brand Advertising Online and The Next Wave of

M&A," Feb. 2010.

50　在"其他更便宜的地方"瞄准高端受众（**target premium audiences in "other, cheaper places"**）：Interactive Advertising Bureau PowerPoint report, "Brand Advertising Online and The Next Wave of M&A," Feb. 2010.

50　"无法了解可靠事实"（**"denied an assured access to the facts"**）：Walter Lippmann, *Liberty and the News*（Princeton：Princeton University Press, 1920）, 6.

50　博客仍然非常依赖它们（**blogs remain incredibly reliant on them**）：Pew Research Center, "How Blogs and Social Media Agendas Relate and Differ from the Traditional Press," May 23, 2010, accessed Dec. 11, 2010, www. journalism. org/node/20621.

53　"这些文件是伪造的"（**"these documents are forgeries"**）：Peter Wallsten, "'Buckhead,' Who Said CBS Memos Were Forged, Is a GOP-Linked Attorney," *Los Angeles Times*, Sept. 18, 2004, accessed Dec. 11, 2010, http：//seattletimes. nwsource. com/ html/nationworld/2002039080_ buckhead18. html.

53　"我们不应该在此前使用它们"（**"We should not have used them"**）：Associated Press, "CBS News Admits Bush Documents Can't Be Verified," Sept. 21, 2004, accessed Dec. 11, 2010, www. msnbc. msn. com/id/6055248/ns/politics.

54　都在关注这则新闻（**paying attention to the story**）：*The Gallup Poll：Public Opinion 2004*（Lanham, MD：Rowman &Littlefield, 2006）, http：//books. google. com/ books? id = uqqp-sDCjo4C&pg = PA392&lpg = PA392&dq = public + opinion + poll + on + dan + rather + controversy&source = bl&ots = CPGu03cpsn&sig = 9XT-li8ar2GOXxfVQWC cGNHI xTg&hl = en&ei = uw_ 7TLK9OMGB8gb3r72ACw&sa = X&oi = book_ result&ct = result&resnum = 1&ved = 0CBcQ6AEwAA#v = onepage&q = public% 20opinion% 20poll% 20on% 20dan% 20rather% 20controversy&f = true.

54　"新闻业的危机"（**"a crisis in journalism"**）：Lippmann, *Liberty and the News*, 64.

56　正是在这个时候，报纸开始刊登我们今天所认为的新闻（**at this point that newspapers came to carry**）：This section was informed by the wonderful Michael Schudson, *Discovering the News：A Social History of America Newspapers*（New York：Basic Books, 1978）.

57　"政府让舆论以正步行走"（**"They goose-stepped it"**）：Lippmann, *Liberty and the News*, 4.

57　"普通公民应该了解到什么"［**what（the average citizen）shall know**］：Lippmann, *Liberty and the News*, 7.

58　"独一无二的，却也是社会中的一员"（**"distinctive member of a community"**）：John Dewey, *Essays, Reviews, and Miscellany, 1939-1941, The Later Works of John Dewey, 1925-1953*, vol. 2（Carbondale：Southern Illinois University Press, 1984）,

332.

59 将 **20** 世纪头十年称为"去中介化"的十年（**calls the 2000s the disintermediation decade**）：Jon Pareles，"A World of Megabeats and Megabytes," *New York Times*，Dec. 30，2009，accessed Dec. 11，2010，www. nytimes. com/2010/01/03/arts/music/03tech. html.

59 去中介化——消除中间商（**Disintermediation—the elimination of middlemen**）：Dave Winer，Dec. 7，2005，Dave Winer's Blog "Scripting News," accessed Dec. 11，2010，http：//scripting. com/2005/12/07. html#.

59 "把权力从中心抽走"（**"It sucks power out of the center"**）：Esther Dyson，"Does Google Violate Its 'Don't Be Evil' Motto?," *Intelligence Squared US*. Debate between Esther Dyson，Siva Vaidhyanathan，Harry Lewis，Randal C. Picker，Jim Harper，and Jeff Jarvis（New York，NY）Nov. 18，2008，accessed Feb. 7，2011，www. npr. org/templates/story/story. php?storyId=97216369.

60 拉丁语中的"中间层"（**the Latin for "middle layer"**）：Hat tip to Clay Shirky for introducing me to this fact in his conversation with Jay Rosen. Clay Shirky interviewed by Jay Rosen，Video，chap. 5 "Why Study Media?" *NYU Primary Sources*，New York，NY，2011，accessed Feb. 9，2011，http：//nyuprimarysources. org/video-library/jay-rosen-and-clay-shirky/.

61 "多数人从少数人手中夺取了权力"（**"many wresting power from the few"**）：Lev Grossman，"Time's Person of the Year：You," *Time*，Dec. 13，2006，accessed Dec. 11，2010，www. time. com/time/magazine/article/0,9171,1569514,00. html.

61 "并没有消除中间人"（**"did not eliminate intermediaries"**）：Jack Goldsmith and Tim Wu，*Who Controls the Internet? Illusions of a Borderless World*（New York：Oxford University Press，2006），70.

62 "它会记住你所知道的"（**"It will remember what you know"**）：Danny Sullivan，"Google CEO Eric Schmidt on Newspapers & Journalism," Search Engine Land，Oct. 3，2009，accessed Dec. 11，2010，http：//searchengineland. com/google-ceo-eric-schmidt-on-newspapers-journalism-27172.

62 "把内容推送给合适的人群"（**"bringing the content to the right group"**）："Krishna Bharat Discusses the Past and Future of Google News," *Google News* Blog，June 15，2010，accessed Dec. 11，2010，http：//googlenewsblog. blogspot. com/2010/06/krishna-bharat-discusses-past-and. html.

62 "我们关注"（**"We pay attention"**）："Krishna Bharat Discusses the Past and Future of Google News," *Google News* Blog，June 15，2010，accessed Dec. 11，2010，http：//googlenewsblog. blogspot. com/2010/06/krishna-bharat-discusses-past-and. html.

63　"他们社交圈里最重要的事"（"most important, their social circle"）："Krishna Bharat Discusses the Past and Future of Google News," *Google News* Blog, June 15, 2010, accessed Dec. 11, 2010, http：//googlenewsblog. blogspot. com/2010/06/krishna-bharat-discusses-past-and. html.

63　"将其提供给出版商"（"make it available to publishers"）："Krishna Bharat Discusses the Past and Future of Google News," *Google News* Blog, June 15, 2010, accessed Dec. 11, 2010, http：//googlenewsblog. blogspot. com/2010/06/krishna-bharat-discusses-past-and. html.

63　美国人对新闻机构失去更多的信任（Americans lost more faith in news）："Press Accuracy Rating Hits Two Decade Low；Public Evaluations of the News Media：1985-2009," Pew Research Center for the People and the Press, Sept. 13, 2009, accessed Dec. 11, 2010, http：//people-press. org/report/543/.

64　"《纽约时报》和一些随机挑选出的博主"（"*New York Times* and some random blogger"）：Author's interview with Yahoo News executive. Sept 22, 2010. This interview was conducted in confidentiality.

65　放弃有线电视服务（unplugging from cable TV offerings）：Erick Schonfeld, "Estimate：800,000 U. S. Households Abandoned Their TVs for the Web," *TechCrunch* Blog, Apr. 13, 2010, accessed Dec. 11, 2010, http：//techcrunch. com/2010/04/13/800000-households-abandoned-tvs-web；"Cable TV Taking It on the Chin," www. freemoneyfinance. com/2010/11/cable-tv-taking-it-on-the-chin. html；and Peter Svensson, "Cable Subscribers Flee, but Is Internet to Blame?" http：//finance. yahoo. com/news/Cable-subscribers-flee-but-is-apf-3875814716. html?x = 0.

65　"永久彻底地改变广告业"（"change the ad industry forever"）："Google Vice President：Online Video and TV Will Converge," June 25, 2010, Appmarket. tv, accessed Dec. 11, 2010, www. appmarket. tv/news/160-breaking-news/440-google-vice-president-online-video-and-tv-will-converge. html.

66　认识生活在我们附近的人（know people who live near us）：Bill Bishop, *The Big Sort：Why the Clustering of Like-Minded America Is Tearing Us Apart* (New York：Houghton Mifflin, 2008), 35.

67　"你看电视时，基本上你的大脑是停止运转的"（"watch television to turn your brain off"）：Jason Snell, "Steve Jobs on the Mac's 20th Anniversary," *Macworld*, Feb. 2, 2004, accessed Dec. 11, 2010, www. macworld. com/article/29181/2004/02/themacturns20jobs. html.

67　每周看 36 个小时（thirty-six hours a week）："Americans Using TV and Internet Together 35% More Than a Year Ago," Nielsen Wire, Mar. 22, 2010, accessed Dec. 11,

2010，http：//blog. nielsen. com/nielsenwire/online_ mobile/three-screen-report-q409.

68　停止切换频道的速度比人们想象的要快得多（**quit channel surfing far more quick-ly**）：Paul Klein，as quoted in Marcus Prior，*Post-Broadcast Democracy*（New York：Cambridge University Press，2007），39.

68　你自己的私人电视频道（**your own personal TV channel**）："YouTube Leanback Offers Effortless Viewing," *YouTube* Blog，July 7，2010，accessed Dec. 11，2010，http：//youtube-global. blogspot. com/2010/07/youtube-leanback-offers-effortless. html.

69　如果你写的一篇文章出现在大告示牌上，你就有可能得到加薪（**onto the Big Board，and you're liable to get a raise**）：Ben McGrath，"Search and Destroy：Nick Denton's Blog Empire," *New Yorker*，Oct. 18，2010，accessed Dec. 11，2010，www. newyorker. com/reporting/2010/10/18/101018fa_ fact_ mcgrath?currentPage = all.

70　"读者阅读我们的报纸是因为我们的判断力"（**"come to us for our judgment"**）：Jeremy Peters，"Some Newspapers，Tracking Readers Online，Shift Coverage," *New York Times*，Sept. 5，2010，accessed Dec. 11，2010，www. nytimes. com/2010/09/06/business/media/06track. html.

71　编写一些会被点击的故事（**gin up stories that will get clicks**）：Danna Harman，"In Chile，Instant Web Feedback Creates the Next Day's Paper," *Christian Science Monitor*，Dec. 1，2004，accessed Dec. 11，2010，www. csmonitor. com/2004/1201/p01s04-woam. html.

71　"洞悉受众并对受众的需求做出回应进而创作内容"（**"creating content in response to audience insight"**）：Jeremy Peters，"At Yahoo，Using Searches to Steer News Coverage," *New York Times*，July 5，2010，accessed Dec. 11，2010，www. nytimes. com/2010/07/05/business/media/05yahoo. html.

72　"更有可能出现在电子报纸的发送列表里"（**"the newspaper's most e-mailed stories"**）：Jonah A. Berger and Katherine L. Milkman，"Social Transmission and Viral Culture," Social Science Research Network Working Paper Series（Dec. 25，2009）：2.

72　"身穿相扑选手套装的女子"（**"Woman in Sumo Wrestler Suit"**）："The Craziest Headline Ever," *Huffington Post*，June 23，2010，accessed Dec. 11，2010，www. huffin gtonpost. com/2010/06/23/craziest-bar-ever-discove_ n_ 623447. html.

72　与马发生性关系（**sex with a horse**）：Danny Westneat，"Horse Sex Story Was Online Hit," *Seattle Times*，Dec. 30，2005，accessed Dec. 11，2010，http：//seattletimes. nwsource. com/html/localnews/2002711400_ danny30. html.

72　世界上最丑的狗（**world's ugliest dog**）：Ben Margot，"Rescued Chihuahua Princess Abby Wins World's Ugliest Dog Contest，Besting Boxer Mix Pabst," *Los Angeles Times*，June 27，2010，accessed Dec. 11，2010，http：//latimesblogs. latimes. com/unleashed/

2010/06/rescued-chihuahua-princess-abby-wins-worlds-ugliest-dog-contest-besting-boxer-mix-pabst. html.

72 "每个人都看到了同样的东西" ("**everyone sees the same thing**"): Carl Bialik, "Look at This Article. It's One of Our Most Popular," *Wall Street Journal*, May 20, 2009.

73 "共享营销信息几乎没有必要" ("**little need to share marketing information**"): Andrew Alexander, "Making the Online Customer King at The Post," *Washington Post*, July 11, 2010, accessed Dec. 11, 2010, www. washingtonpost. com/wp-dyn/content/article/2010/07/09/AR2010070903802. html.

73 "不管你想不想听这些内容" ("**whether you want to hear this or not**"): Nicholas Negroponte, interview with author, Truckee, CA, Aug. 5, 2010.

73 "高客传媒的大告示牌是一个可怕的极端" ("**Gawker's big board is a scary extreme**"): Professor Michael Schudson, interview with author, New York, NY, Aug. 13, 2010.

73 "关于阿富汗战争的报道" ("**stories about the war in Afghanistan**"): Simon Dumenco, "Google News Cares More About Facebook, Twitter and Apple Than Iraq, Afghanistan," *Advertising Age*, June 23, 2010, accessed Feb. 9, 2011, http://adage. com/mediaworks/article? article_ id = 144624.

74 "选择不报道一些重要新闻" ("**not to pursue some important stories**"): Alexander, "Making the Online Customer King."

75 "在危机发生时保持警醒" ("**periodically be alarmed when there is a crisis**"): Clay Shirky, interviewed by Jay Rosen, Video, *NYU Primary Sources*, New York, NY, 2011, accessed Feb. 7, 2011, http://nyuprimarysources. org/video-library/jay-rosen-and-clay-shirky/.

75 "联合和互动行为所导致的后果" ("**consequences of conjoint and interacting behavior**"): John Dewey, *The Public and Its Problems* (Athens, OH: Swallow Press, 1927), 126.

第三章 阿得拉社会

77 "和与己不同的人交流" ("**contact with persons dissimilar to themselves**"): John Stuart Mill, *The Principles of Political Economy* (Amherst, MA: Prometheus Books, 2004), 543.

77 "让人们想到的是梦游者" ("**reminds one more of a sleepwalker's**"): Arthur Koestler, *The Sleepwalkers: A History of Man's Changing Vision of the Universe* (New York: Penguin, 1964), 11.

78 "但我不想在这里谈"（"but I don't want to talk here"）：Henry Precht，interview with Ambassador David E. Mark，The Association for Diplomatic Studies and Training，Foreign Affairs Oral History Project，July 28，1989，accessed Dec. 14，2010，http：// memory. loc. gov/service/mss/mssmisc/mfdip/2005%20txt%20files/2004mar02. txt.

78 两人计划见面（the two men planned a meeting）：Henry Precht，interview with Ambassador David E. Mark，The Association for Diplomatic Studies and Training，Foreign Affairs Oral History Project，July 28，1989，accessed Dec. 14，2010，http：//memory. loc. gov/service/mss/mssmisc/mfdip/2005%20txt%20files/2004mar02. txt.

78 "我只想要我的钱"（"all I want is my money"）：Henry Precht，interview with Ambassador David E. Mark，The Association for Diplomatic Studies and Training，Foreign Affairs Oral History Project，July 28，1989，accessed Dec. 14，2010，http：//memory. loc. gov/service/mss/mssmisc/mfdip/2005%20txt%20files/2004mar02. txt.

78 "我被击败了"（"I was snookered"）：John Limond Hart，The CIA's Russians（Annapolis：Naval Institute Press，2003），132.

78 离开苏联并在美国重新定居（defect and resettle in the U. S.）：John Limond Hart，The CIA's Russians（Annapolis：Naval Institute Press，2003），135.

79 詹姆斯·吉泽斯·安格尔顿对此持怀疑态度（James Jesus Angleton...was skeptical）：John Limond Hart，The CIA's Russians（Annapolis：Naval Institute Press，2003），140.

79 中央情报局的文件显示并非如此（CIA's documents indicated otherwise）："Yuri Ivanovich Nosenko，a Soviet defector，Died on August 23rd，Aged 80," Economist，Sept. 4，2008，accessed Dec. 14，2010，www. economist. com/node/12051491.

79 接受测谎试验（subjected to polygraph tests）："Yuri Ivanovich Nosenko，a Soviet defector，Died on August 23rd，Aged 80," Economist，Sept. 4，2008，accessed Dec. 14，2010，www. economist. com/node/12051491.

80 被派往了苏联前线作为惩罚（sent to the Russian front as punishment）：Richards J. Heuer Jr. ，"Nosenko：Five Paths to Judgment," Studies in Intelligence 31，no. 3（Fall 1987）.

80 给他安排了新的身份（set him up in a new identity）：David Stout，"Yuri Nosenko，Soviet Spy Who Defected，Dies at 81," New York Times，Aug. 27，2008，accessed Dec. 14，2010，www. nytimes. com/2008/08/28/us/28nosenko. html?scp = 1&sq = nosenko&st = cse.

80 他的死讯被透露给（news of his death was relayed）：David Stout，"Yuri Nosenko，Soviet Spy Who Defected，Dies at 81," New York Times，Aug. 27，2008，accessed Dec. 14，2010，www. nytimes. com/2008/08/28/us/28nosenko. html?scp = 1&sq = nosen

ko&st = cse.

81　充满了溢美之词（**full of laudatory comments**）：Richards J. Heuer Jr. , *Psychology of Intelligence Analysis*（Alexandria, VA：Central Intelligence Agency, 1999）.

81　"推理过程应该保持自我意识"（"**analysts should be self-conscious**"）：Richards J. Heuer Jr. , *Psychology of Intelligence Analysis*（Alexandria, VA：Central Intelligence Agency, 1999）, xiii.

82　以间接的、扭曲的方式（**secondhand and in a distorted form**）：Richards J. Heuer Jr. , *Psychology of Intelligence Analysis*（Alexandria, VA：Central Intelligence Agency, 1999）, xx-xxi.

82　"得到最清晰的世界图景"（"**To achieve the clearest possible image**"）：Richards J. Heuer Jr. , *Psychology of Intelligence Analysis*（Alexandria, VA：Central Intelligence Agency, 1999）, xxi-xxii.

83　"意料之内地非理性"（"**predictably irrational**"）：Dan Ariely, *Predictably Irrational：The Hidden Forces That Shape Our Decisions*（New York：HarperCollins, 2008）.

83　证明我们在弄清楚什么让我们感到快乐（**figuring out what makes us happy**）：Dan Gilbert, *Stumbling on Happiness*（New York：Knopf, 2006）.

83　这只是故事的一部分（**only one part of the story**）：Kathryn Schulz, *Being Wrong：Adventures in the Margin of Error*（New York：HarperCollins, 2010）.

84　"信息需要被缩减"（"**information wants to be reduced**"）：Nassim Nicholas Taleb, *The Black Swan：The Impact of the Highly Improbable*（New York：Random House, 2007）, 64.

85　被快速地转换成图式（**quickly converted into schemata**）：Doris Graber, *Processing the News：How People Tame the Information Tide*（New York：Longman, 1988）.

85　"对这则报道所有特征的凝练"（"**condensation of all features of a story**"）：Doris Graber, *Processing the News：How People Tame the Information Tide*（New York：Longman, 1988）, 161.

85　一个女人庆祝生日（**woman celebrating her birthday**）：Steven James Breckler, James M. Olson, and Elizabeth Corinne Wiggins, *Social Psychology Alive*（Belmont, CA：Thomson Wadsworth, 2006）, 69.

86　给记忆添加了细节（**added details to their memories**）：Graber, *Processing the News*, 170.

86　普林斯顿大学对阵达特茅斯学院（**Princeton versus Dartmouth**）：A. H. Hastorf and H. Cantril, "They Saw a Game：A Case Study," *Journal of Abnormal and Social Psychology* 49：129-34.

87　就算是专家们的预测，也不尽相同（**experts' predictions weren't even close**）：Philip E. Tetlock, *Expert Political Judgment: How Good Is It? How Can We Know?* (Princeton, NJ: Princeton University Press, 2005).

88 同化和适应的过程（**a process of assimilation and accommodation**）: Jean Piaget, *The Psychology of Intelligence* (New York: Routledge & Kegan Paul, 1950).

89 奥巴马是穆斯林的传言（**the idea that Obama was a Muslim**）: Jonathan Chait, "How Republicans Learn That Obama Is Muslim," *New Republic*, August 27, 2010, www. tnr. com/blog/jonathan-chait/77260/how-republicans-learn-obama-muslim.

89 "实际上越有可能受到误教"（**"actually become mis-educated"**）: Jonathan Chait, "How Republicans Learn That Obama Is Muslim," *New Republic*, August 27, 2010, www. tnr. com/blog/jonathan-chait/77260/how-republicans-learn-obama-muslim.

89 两种修改版本的《乡村医生》（**two modified versions of "The Country Doctor"**）: Travis Proulx and Steven J. Heine, "Connections from Kafka: Exposure to Meaning Threats Improves Implicit Learning of an Artifical Grammar," *Psychological Science* 20, no. 9 (2009): 1125-31.

90 "一场严重的暴风雪阻隔在我和他之间"（**"A severe snowstorm filled the space"**）: Franz Kafka, *A Country Doctor* (Prague: Twisted Spoon Press, 1997).

90 "被误报的夜钟唤醒"（**"Once one responds to a false alarm"**）: Franz Kafka, *A Country Doctor* (Prague: Twisted Spoon Press, 1997).

90 "努力想弄明白"（**"strived to make sense"**）: Proulx and Heine, "Connections from Kafka."

91 面对"信息鸿沟"（**presented with an "information gap"**）: George Loewenstein, "The Psychology of Curiosity: A Review and Reinterpretation," *Psychological Bulletin* 116 (1994), no. 1: 75-98, https://docs. google. com/viewer? url = http://www. andrew. cmu. edu/user/gl20/GeorgeLoewenstein/Papers_ files/pdf/PsychofCuriosity. pdf.

91 "使搜索者无法体验这种重要的不期而遇"（**"shields the searcher from such radical encounters"**）: Siva Vaidhyanathan, *The Googlization of Everything* (Berkeley and Los Angeles, CA: University of California Press, 2011), 182.

91 "只能给你答案"（**"only give you answers"**）: Pablo Picasso, as quoted in Gerd Leonhard, Media Futurist Website, Dec. 8, 2004, accessed Feb. 9, 2011, www. mediafuturist. com/about. html.

92 "吃了阿得拉，我可以连续工作"（**"On Adderall, I was able to work"**）: Joshua Foer, "The Adderall Me: My Romance with ADHD Meds," *Slate*, May 10, 2005, www. slate. com/id/2118315.

92 "（使用增强药物的）压力只会越来越大"[**"pressures (to use enhancing drugs) are only going to grow"**]: Margaret Talbot, "Brain Gain: The Underground World of

' Neuroenhancing Drugs,'" *New Yorker*, Apr. 27, 2009, accessed Dec. 14, 2010, www. newyorker. com/reporting/2009/04/27/090427fa_ fact_ talbot?currentPage = all.

93 "我'在框框里'思考"("**I think 'inside the box'**"):Erowid Experience Vaults, accessed Dec. 14, 2010, www. erowid. org/experiences/exp. php?ID = 56716.

93 "一代非常专注的会计师"("**a generation of very focused accountants**"):Talbot, "Brain Gain."

94 "没有人见过的类比"("**an analogy no one has ever seen**"):Arthur Koestler, *Art of Creation* (New York:Arkana, 1989), 82.

94 "揭示、选择、重新洗牌、结合、综合"("**uncovers, selects, re-shuffles, combines, synthesizes**"):Arthur Koestler, *Art of Creation* (New York:Arkana, 1989), 86.

95 创造性思维的关键(**the key to creative thought**):Hans Eysenck, *Genius:The Natural History of Creativity* (Cambridge:Cambridge University Press, 1995).

95 框框代表了解决方案的视界(**box represents the solution horizon**):Hans Eysenck, "Creativity and Personality:Suggestions for a Theory," *Psychological Inquiry*, vol. 4, no. 3, 1993, 147-78.

97 不知道他们在寻找什么(**no idea what they're looking for**):Aharon Kantorovich and Yuval Ne'eman, "Serendipity as a Source of Evolutionary Progress in Science," *Studies in History and Philosophy of Science*, Part A, vol. 20, no. 4:505-29.

98 让蜡烛附着在墙上(**attach the candle to the wall**):Karl Duncker, "On Problem Solving," *Psychological Monographs* 58 (1945).

98 不愿意"打破知觉限定"(**reluctance to "break perceptual set"**):George Katona, *Organizing and Memorizing* (New York:Columbia University Press, 1940).

99 有创造力的人倾向于以多种不同的方式看待事物(**creative people tend to see things**):Arthur Cropley, *Creativity in Education and Learning* (New York:Longmans, 1967).

99 "对总共 **40** 个物体进行了排序"("**sorted a total of 40 objects**"):N. J. C. Andreases and Pauline S. Powers, "Overinclusive Thinking in Mania and Schizophrenia," *British Journal of Psychology* 125 (1974):452-56.

99 "有重量的东西"(a "**thing with weight**"):Cropley, *Creativity*, 39.

100 "停止计算——这里有 **43** 幅图片"("**Stop counting—there are 43 pictures**"):Richard Wiseman, *The Luck Factor* (New York:Hyperion, 2003), 43-44.

101 双语者比单语者更富有创造力(**bilinguists are more creative than monolinguists**):Charlan Nemeth and Julianne Kwan, "Minority Influence, Divergent Thinking and Detection of Correct Solutions," *Journal of Applied Social Psychology*, 17, I. 9 (1987):1,

accessed Feb. 7, 2011, http：//onlinelibrary. wiley. com/doi/10. 1111/j. 1559-1816. 1987. tb00339. x/abstract.

101 外部的想法帮助我们（**foreign ideas help us**）：W. M. Maddux, A. K. Leung, C. Chiu, and A. Galinsky, "Toward a More Complete Understanding of the Link Between Multicultural Experience and Creativity," *American Psychologist* 64（2009）：156-58.

102 阐述创造力的产生方式（**illustrates how creativity arises**）：Steven Johnson, *Where Good Ideas Come From：The Natural History of Innovation*（New York：Penguin, 2010）, *ePub Bud*, accessed Feb. 7, 2011, www. epubbud. com/read. php?g = LN9DVC8S.

102 "广泛而多样的零件样本"（**"wide and diverse sample of spare parts"**）：Steven Johnson, *Where Good Ideas Come From：The Natural History of Innovation*（New York：Penguin, 2010）, 6.

102 "非常适合创造、传播和采纳好创意的环境"（**"environments that are powerfully suited..."**）：Steven Johnson, *Where Good Ideas Come From：The Natural History of Innovation*（New York：Penguin, 2010）, 3.

102 "维基百科上关于'意外发现'的文章"（**" 'serendipity' article in Wikipedia"**）：Steven Johnson, *Where Good Ideas Come From：The Natural History of Innovation*（New York：Penguin, 2010）, 13.

103 "从探索和发现到今天基于意图的搜索的转变"（**"shift from exploration and discovery..."**）：John Battelle, *The Search：How Google and Its Rivals Rewrote the Rules of Business and Transformed Our Culture*（New York：Penguin, 2005）, 61.

103 "意图的数据库"（**"database of intentions"**）：John Battelle, *The Search：How Google and Its Rivals Rewrote the Rules of Business and Transformed Our Culture*（New York：Penguin, 2005）, 61.

104 "我们需要克服理性"（**"We need help overcoming rationality"**）：David Gelernter, *Time to Start Taking the Internet Seriously*, accessed Dec. 14, 2010, www. edge. org/3rd_ culture/gelernter10/gelernter10_ index. html.

105 一个叫作'加利福尼亚'的巨大岛屿（**an island called California**）：Garci Rodriguez de Montalvo, *The Exploits of Esplandian*（Madrid：Editorial Castalia, 2003）.

第四章 "你"的循环

109 "对个人电脑本质的追求"（**"what a personal computer really is"**）：Sharon Gaudin, "Total Recall：Storing Every Life Memory in a Surrogate Brain," *ComputerWorld*, Aug. 2, 2008, accessed Dec. 15, 2010, www. computerworld. com/s/article/9074439/ Total_ Recall_ Storing_ every_ life_ memory_ in_ a_ surrogate_ brain.

109 "你只有一个身份"（**"You have one identity"**）：David Kirkpatrick, *The Facebook*

Effect：*The Inside Story of the Company That Is Connecting the World*（New York，Simon & Schuster，2010），199.

109 "表现为不同的行为方式"（**"I behave a different way"**）："Live-Blog：Zuckerberg and David Kirkpatrick on the Facebook Effect," *Social Beat*，Transcript of interview，accessed Dec. 15，2010，http：//venturebeat. com/2010/07/21/live-blog-zuckerberg-and-david-kirkpatrick-on-the-facebook-effect.

110 "同样尴尬的我"（**"Same awkward self"**）："Live-Blog：Zuckerberg and David Kirkpatrick on the Facebook Effect," *Social Beat*，Transcript of interview，accessed Dec. 15，2010，http：//venturebeat. com/2010/07/21/live-blog-zuckerberg-and-david-kirkpatrick-on-the-facebook-effect.

110 这将成为常态（**that would be the norm**）：Marshall Kirkpatrick，"Facebook Exec：All Media Will Be Personalized in 3 to 5 Years," *ReadWriteWeb*，Sept. 29，2010，accessed Dec. 15，2010，www. readwriteweb. com/archives/facebook_ exec_ all_ media_ will_ be_ personalized_ in_ 3. php.

110 "一个没有特权或偏见的世界"（**"a world that all may enter"**）：John Perry Barlow，A Declaration of the Independence of Cyberspace，Feb. 8，1996，accessed Dec. 15，2010，https：//projects. eff. org/~ barlow/Declaration-Final. html.

111 把以虚假名字完成的在线活动与相关人员的真实姓名联系起来（**...pseudonym with the real name of the person involved**）：Julia Angwin and Steve Stecklow，"'Scrapers' Dig Deep for Data on Web," *Wall Street Journal*，Oct. 12，2010，accessed Dec. 15，2010，http：//online. wsj. com/article/SB10001424052748703358504575544381288117888. html.

111 与使用它们的个人联系起来（**tied to the individual people who use them**）：Julia Angwin and Jennifer Valentino-Devries，"Race Is On to 'Fingerprint' Phones, PCs," *The Wall Street Journal*，Nov. 30，2010，accessed Jan. 30，2011，http：//online. wsj. com/article/SB10001424052748704679204575646704100959546. html?mod = ITP_ pageone_ 0.

112 更多样化的信息来源让我们更自由（**more-diverse information sources makes us freer**）：Yochai Benkler，"Of Sirens and Amish Children：Autonomy，Information，and Law," *New York University Law Review*，76 N. Y. U. L. Rev. 23，April 2001，110.

115 "不仅仅是数据"（**"more than the bits of data"**）：Daniel Solove，*The Digital Person：Technology and Privacy in the Information Age*（New York：New York University Press，2004），45.

116 很难将一个人的行为方式和她是谁这两者区分开来（**how someone behaves from who she is**）：E. E. Jones and V. A. Harris，The Attribution of Attitudes，*Journal of Experimental Social Psychology* 3（1967）：1-24.

116 对其他被试实施了电击（**electrocute other subjects**）：Stanley Milgram，"Behavioral

Study of Obedience," *Journal of Abnormal and Social Psychology* 67（1963）：371-78.

116 自我的可塑性（**The plasticity of the self**）：Paul Bloom, "First person plural," *Atlantic*, Nov. 2008, accessed Dec. 15, 2010, www. theatlantic. com/magazine/archive/2008/11/first-person-plural/7055.

117 与他们当前的愿望背道而驰（**aspirations played against their current desires**）：Katherine L. Milkman, Todd Rogers, and Max H. Bazerman, "Highbrow Films Gather Dust：Time-Inconsistent Preferences and Online DVD Rentals," *Management Science* 55, no. 6（June 2009）：1047-59, accessed Jan. 29, 2011, http：//opimweb. wharton. upenn. edu/documents/research/Highbrow. pdf.

117 "想要看的"电影如《西雅图夜未眠》（**"want" movies like *Sleepless in Seattle***）：Katherine L. Milkman, Todd Rogers, and Max H. Bazerman, "Highbrow Films Gather Dust：Time-Inconsistent Preferences and Online DVD Rentals," *Management Science* vol. 55, no. 6（June 2009）：1047-59, accessed Jan. 29, 2011, http：//opimweb. wharton. upenn. edu/documents/research/Highbrow. pdf.

118 "人类存在意义的细微差别"（**"nuances of what it means to be human"**）：John Battelle, phone interview with author, Oct. 12, 2010.

118 谷歌正在着手解决这个问题（**Google is working on it**）：Jonathan McPhie, phone interview with author, Oct. 13, 2010.

119 "毒性资料"的必然结果（the **"toxic knowledge" that might result**）：Mark Rothstein, as quoted in Cynthia L. Hackerott, J. D., and Martha Pedrick, J. D., "Genetic Information Nondiscrimination Act Is a First Step；Won't Solve the Problem," Oct. 1, 2007, accessed Feb. 9, www. metrocorpcounsel. com/current. php? artType = view&art Month = January&artYear = 2011&EntryNo = 7293.

119 "杰伊·盖茨比的数字鬼魂"（**"The digital ghost of Jay Gatz"**）：Siva Vaidyanathan, "Naked in the 'Nonopticon,'" *Chronicle Review* 54, no. 23：B7.

120 "高认知"的观点（**"high cognition" arguments**）：Dean Eckles, phone interview with author, Nov. 9, 2010.

120 提高营销材料的有效性（**increase the effectiveness of marketing**）：Dean Eckles, phone interview with author, Nov. 9, 2010.

122 受到抽奖券式宣传语的影响（**pitches framed as sweepstakes**）：PK List Marketing, "Free to Me—Impulse Buyers," accessed Jan. 28, 2011, www. pklistmarketing. com/Data% 20Cards/Opportunity% 20Seekers% 20&% 20Sweepstakes% 20Participants/Cards/Free% 20To% 20Me% 20-% 20Impulse% 20Buyers. htm.

123 "让智能手机不停地搜索"（**"smartphone to be doing searches constantly"**）：Robert Andrews, "Google's Schmidt：Autonomous, Fast Search Is 'Our New Definition,'"

paidContent，Sept. 7，2010，accessed Dec. 15，2010，http：//paidcontent. co. uk/article/419-googles-schmidt-autonomous-fast-search-is-our-new-definition.

124 电视新闻"不那么微小"的后果（**"Not-So-Minimal" Consequences of Television News**）：Shanto Iyengar，Mark D. Peters，and Donald R. Kinder，"Experimental Demonstrations of the 'Not-So-Minimal' Consequences of Television News Programs，" *American Political Science Review* 76，no. 4（1982）：848-58.

124 "相信国防或污染"（**"believe that defense or pollution"**）：Shanto Iyengar，Mark D. Peters，and Donald R. Kinder，"Experimental Demonstrations of the 'Not-So-Minimal' Consequences of Television News Programs，" *American Political Science Review* 76，no. 4（1982）：848-58.

124 激发效应的力量（**strength of this priming effect**）：Drew Westen，*The Political Brain：The Role of Emotion in Deciding the Fate of the Nation*（Cambridge，MA：Perseus，2007）.

125 哈斯尔和戈尔茨坦的一项研究（**study by Hasher and Goldstein**）：Lynn Hasher and David Goldstein，"Frequency and the Conference of Referential Validity，" *Journal of Verbal Learning and Verbal Behaviour* 16（1977）：107-12.

126 "被地势较低的地方包围"（**"surrounded by downward-sloping land"**）：Matt Cohler，phone interview with author，Nov. 23，2010.

128 成绩是在学生中随机分配的（**results had been randomly redistributed**）：Robert Rosenthal and Lenore Jacobson，"Teachers' Expectancies：Determinants of Pupils' IQ Gains，" *Psychological Reports* 19（1966）：115-18.

129 "基于网络的分类"（**"network-based categorizations"**）：Dalton Conley，*Elsewhere，U. S. A.：How We Got from the Company Man，Family Dinners，and the Affluent Society to the Home Office，BlackBerry Moms，and Economic Anxiety*（New York：Pantheon Books，2008），164.

130 "福特最早期的 T 型车"（**"Model-T version of what's possible"**）：Geoff Duncan，"Netflix Offers ＄1Mln for Good Movie Picks，" *Digital Trends*，Oct. 2，2006，accessed Dec. 15，2010，www. digitaltrends. com/computing/netflix-offers-1-mln-for-good-movie-picks.

130 "一台个人电脑和一些伟大的洞察力"（**"a PC and some great insight"**）：Katie Hafner，"And If You Liked the Movie，a Netflix Contest May Reward You Handsomely，" *New York Times*，Oct. 2，2006，accessed Dec. 15，2010，www. nytimes. com/2006/10/02/technology/02netflix. html.

131 成功地使用了社交图谱数据（**success using social graph data**）：Charlie Stryler，Marketing Panel at 2010 Social Graph Symposium，Microsoft Campus，Mountain View，CA，May 21，2010.

132 "你朋友的信用度"（**"the creditworthiness of your friends"**）：Julia Angwin, "Web's New Gold Mine," *Wall Street Journal*, July 30, 2010, accessed on Feb. 7, 2011, http：//online. wsj. com/article/SB10001424052748703940904575395073512989404. html.

133 现实并非如此（**reality doesn't work that way**）：David Hume, *An Enquiry Concerning Human Understanding*, Harvard Classics Volume 37, online edition, （P. F. Collier & Son：1910）, Section VII, Part I, accessed Feb. 7, 2011, http：//18th. eserver. org/ hume-enquiry. html.

133 对于波普尔来说，科学的目的（**purpose of science, for Popper**）：Karl Popper, *The Logic of Scientific Discovery* （New York：Routledge, 1992）.

135 "世界上将不会有更多的意外或冒险"（**"no more incidents or adventures in the world"**）：Fyodor Dostoevsky, *Notes from Underground*, trans. Richard Pevear and Laura Volokhonsky （New York：Random House, 1994）, 24.

第五章 公众无关紧要

137 "旁人看得见我们眼中的事物"（**"others who see what we see"**）：Hannah Arendt, *The Portable Hannah Arendt* （New York：Penguin, 2000）, 199.

137 "消除报纸影响"（**"neutralize the influence of the newspapers"**）：Alexis de Tocqueville, *Democracy in America* （New York：Penguin, 2001）.

142 "能手持美国国旗?"（**"able to get hand-held American flags?"**）：Laura Miller and Sheldon Rampton, "The Pentagon's Information Warrior：Rendon to the Rescue," *PR Watch* 8, no. 4 （2001）.

142 "电子巡逻队取代边境巡逻队"［**"border patrols（replaced）by beaming patrols"**］：John Rendon, as quoted in Franklin Foer, "Flacks Americana," *New Republic*, May 20, 2002, accessed Feb. 9, 2011, www. tnr. com/article/politics/flacks-amer icana?page＝0, 2.

142 同义辞典（**thesaurus**）：John Rendon, phone interview by Author, Nov. 1, 2010.

143 "消费、分发和创建"（**"consume, distribute, and create"**）：Eric Schmidt and Jared Cohen, "The Digital Disruption：Connectivity and the Diffusion of Power," *Foreign Affairs*, Nov. -Dec. 2010.

144 弗莱托是奥运会体操选手（**Flatow was an Olympic gymnast**）：Stephen P. Halbrook, " 'Arms in the Hands of Jews Are a Danger to Public Safety'：Nazism, Firearm Registration, and the Night of the Broken Glass," *St. Thomas Law Review* 21 （2009）：109-41, 110, www. stephenhalbrook. com/law_ review_ articles/Halbrook_ macro_ final_ 3_ 29. pdf.

145 云"实际掌握在少数几家公司手里"（**the cloud "is actually just a handful of companies"**）：Clive Thompson, interview with author, Brooklyn, NY, Aug. 13, 2010.

145 无处可去（**there was nowhere to go**）：Peter Svensson, "WikiLeaks Down? Cables Go Offline After Site Switches Servers," *Huffington Post*, Dec. 1, 2010, accessed Feb. 9, 2011, www. huffingtonpost. com/2010/12/01/wikileaks-down-cables-go-_ n _ 790589. html.

145－146 "会立即失去宪法保护"（**"lose your constitutional protections immediately"**）：Christopher Ketcham and Travis Kelly, "The More You Use Google, the More Google Knows About You," *AlterNet*, Apr. 9, 2010, accessed Dec. 17, 2010, www. alternet. org/investigations/146398/total_ information_ awareness：_ the_ more_ you_ use_ google, _ the_ more_ google_ knows_ about_ you_ ?page = entire.

146 "警察会喜欢这个的"（**"cops will love this"**）："Does Cloud Computing Mean More Risks to Privacy?," *New York Times*, Feb. 23, 2009, accessed Feb 8, 2011, http：// bits. blogs. nytimes. com/2009/02/23/does-cloud-computing-mean-more-risks-to-privacy.

146 这三家公司很快就照办了（**the three companies quickly complied**）：Antone Gonsalves, "Yahoo, MSN, AOL Gave Search Data to Bush Administration Lawyers," *Information Week*, Jan. 19, 2006, accessed Feb. 9, 2011, www. informationweek. com/ news/security/government/showArticle. jhtml?articleID = 177102061.

146 预测现实中的未来事件（**predict future real-world events**）：Ketcham and Kelly, "The More You Use Google. "

146 "个体必须越来越多地将自己的信息提供给大型的匿名机构"（**"an individual must increasingly give information"**）：Jonathan Zittrain, *The Future of the Internet—and How to Stop It* (New Haven, CT：Yale University Press, 2008), 201.

147 "我们的行为中隐含着一笔交易"（**"an implicit bargain in our behavior"**）：John Battelle, phone interview with author, Oct. 12, 2010.

147 "信息力量的再分配"（**"redistribution of information power"**）：Viktor Mayer-Schonberger, *Delete：The Virtue of Forgetting in the Digital Age* (Princeton, NJ：Princeton University Press, 2009), 107.

148 "现实世界中发生的暴力事件"（**"real-world violence"**）：George Gerbner, "TV Is Too Violent Even Without Executions," *USA Today*, June 16, 1994, 12A, accessed Feb. 9, 2011 through LexisNexis.

149 "讲述故事的权力在谁手里"（**"who tells the stories of a culture"**）："Fighting 'Mean World Syndrome,'" *GeekMom* Blog, *Wired*, Jan. 27, 2011, accessed Feb. 9, 2011, http：//www. wired. com/geekdad/2011/01/fighting-% E2% 80% 9Cmean-world-syndrome% E2% 80% 9D/.

149　友好世界综合征（**friendly world syndrome**）：Dean Eckles，"The 'Friendly World Syndrome' Induced by Simple Filtering Rules," *Ready-to-Hand：Dean Eckles on People，Technology，and Inference* Blog，Nov. 10，2010，accessed Feb. 9，2011，www. deaneckles. com/blog/386_ the-friendly-world-syndrome-induced-by-simple-filtering-rules/.

149　选择了更具普遍意义的"赞"（**gravitated toward "Like"**）："What's the History of the Awesome Button（That Eventually Became the Like Button）on Facebook？" Quora Forum，accessed Dec. 17，2010，www. quora. com/Facebook-company/Whats-the-history-of-the-Awesome-Button-that-eventually-became-the-Like-button-on-Facebook.

151　"抵制游轮行业"（**"against the cruise line industry"**）：Hollis Thomases，"Google Drops Anti-Cruise Line Ads from AdWords," Web Advantage，Feb. 13，2004，accessed Dec. 17，2010，www. webadvantage. net/webadblog/google-drops-anti-cruise-line-ads-from-adwords-338.

152　判断谁更容易被说服（**identify who was persuadable**）："How Rove Targeted the Republican Vote," *Frontline*，accessed Feb. 8，2011，www. pbs. org/wgbh/pages/frontline/shows/architect/rove/metrics. html.

152　"亚马逊的推荐引擎是努力的方向"（**"Amazon's recommendation engine is the direction"**）：Mark Steitz and Laura Quinn，"An Introduction to Microtargeting in Politics," accessed Dec. 17，2010，www. docstoc. com/docs/43575201/An-Introduction-to-Microtargeting-in-Politics.

153　24 小时"战情室"（**round-the-clock "war rooms"**）："Google's War Room for the Home Stretch of Campaign 2010," e. politics，Sept. 24，2010，accessed Feb. 9，2011，www. epolitics. com/2010/09/24/googles-war-room-for-the-home-stretch-of-campaign-2010/.

155　"竞选团队想在脸书上砸钱"（**"campaign wanted to spend on Facebook"**）：Vincent R. Harris，"Facebook's Advertising Fluke," *TechRepublican*，Dec. 21，2010，accessed Feb. 9，2011，http：//techrepublican. com/free-tagging/vincent-harris.

155　叫停了广告（**have the ads pulled off the air**）：Monica Scott，"Three TV Stations Pull 'Demonstrably False' Ad Attacking Pete Hoekstra," *Grand Rapids Press*，May 28，2010，accessed Dec. 17，2010，www. mlive. com/politics/index. ssf/2010/05/three_ tv_ stations_ pull_ demonst. html.

157　"增加注册的共和党人投票给共和党的可能性"（**"improve the likelihood that a registered Republican"**）：Bill Bishop，*The Big Sort：Why the Clustering of Like-Minded America Is Tearing Us Apart*（New York：Houghton Mifflin，2008），195.

157　"最能在政治上得到回应"（**"likely to be most salient in the politics"**）：Ronald Inglehart，*Modernization and Postmodernization*（Princeton，NJ：Princeton University Press，1997），10.

159　蓝带开始赞助潮人活动（**Pabst began to sponsor hipster events**）：Neal Stewart, "Marketing with a Whisper," *Fast Company*, January 11, 2003, accessed January 30, 2011, www. fastcompany. com/fast50_ 04/winners/stewart. html.

159　一瓶售价约 44 美元（**$ 44 in US currency**）：Max Read, "Pabst Blue Ribbon Will Run You $ 44 a Bottle in China," *Gawker*, July 21, 2010, accessed Feb. 9, 2011, http: //m. gawker. com/5592399/pabst-blue-ribbon-will-run-you-44-a-bottle-in-china.

160　"我是一个空白的屏幕"（**"I serve as a blank screen"**）：Barack Obama, *The Audacity of Hope：Thoughts on Reclaiming the American Dream*（New York：Crown, 2006）, 11.

161　"我们不知道哪些是需要共同努力的事情"（**"we lose all perspective..."**）：Ted Nordhaus, phone interview with author, Aug. 31, 2010.

162　"基本源头是思想"（**"The source is basically in thought"**）：David Bohm, *Thought as a System*（New York：Routledge, 1994）, 2.

163　"人们都是共享共同意义的参与者"（**"participants in a pool of common meaning"**）：David Bohm, *On Dialogue*（New York：Routledge Press, 1996）, x-xi.

164　"定义和表达自己的利益"（**"define and express its interests"**）：John Dewey, *The Public and Its Problems*（Athens, OH：Swallow Press, 1927）, 146.

第六章　你好，世界！

165　"无导航的智慧和技能"（**"no intelligence or skill in navigation"**）：Plato, *First Alcibiades*, in *The Dialogues of Plato*, vol. 4, trans. Benjamin Jowett（Oxford, UK：Clarendon Press, 1871）, 559.

166　"我们就是上帝"（**"We are as Gods"**）：Stewart Brand, *Whole Earth Catalog*（self-published, 1968）, accessed Dec. 16, 2010, http: //wholeearth. com/issue/1010/article/195/we. are. as. gods.

167　"让任何人成为神"［**"make any man（or woman）a god"**］：Steven Levy, *Hackers：Heroes of the Computer Revolution*（New York：Penguin, 2001）, 451.

167　"我和家人之间有一些问题"（**"having some troubles with my family"**）："How Eliza Works," accessed Dec. 16, 2010, http: //chayden. net/eliza/instructions. txt.

168　"不计后果"（**"without consequence"**）：Siva Vaidyanathan, phone interview with author, Aug. 9, 2010.

168　"不是一个很好的程序"（**"not a very good program"**）：Douglas Rushkoff, interview with author, New York, NY, Aug. 25, 2010.

168　"程序员往往认为政治是"（**"politics tend to be seen by programmers"**）：Gabriella Coleman, "The Political Agnosticism of Free and Open Source Software and the Inadver-

tent Politics of Contrast" *Anthropological Quarterly*, vol. 77, no. 3 (Summer 2004):
507-519, Academic Search Premier, EBSCO host.

170 "而且是会让你上瘾的控制" ("**addictive control as well**"): Levy, *Hackers*, 73.

172 以"你好"开场，比"嗨"更有效 ("**Howdy**" **is a better opener than** "**Hi**"):
Christian Rudder, "Exactly What to Say in a First Message," Sept. 14, 2009, accessed
Dec. 16, 2010, http://blog. okcupid. com/index. php/online-dating-advice-exactly-what-
to-say-in-a-first-message.

173 "黑客们通常不了解这些" ("**hackers don't tend to know any of that**"): Steven
Levy, "The Unabomber and David Gelernter," *New York Times*, May 21, 1995, ac-
cessed Dec. 16, 2010, www. unabombers. com/News/95-11-21-NYT. htm.

174 "人与人之间的工程关系" ("**engineering relationships among people**"): Langdon
Winner, "Do Artifacts Have Politics?" *Daedalus* vol. 109, no. 1 (Winter 1980): 121-
36, Section: Technical Arrangements and Social Order.

175 "代码就是法律" ("**code is law**"): Lawrence Lessig, *Code*, 2nd ed. (New York:
Basic Books, 2006).

175 "社会选择的技术结构" ("**choose structures for technologies**"): Langdon Winner,
"Do Artifacts Have Politics?" *Daedalus* vol. 109, no. 1 (Winter 1980): 121-36, Section:
Technical Arrangements and Social Order.

176 《黑客行话》(*Hacker Jargon File*): The Jargon File, Version 4. 4. 7, Appendix B. A
Portrait of J. Random Hacker, accessed Feb. 9, 2011, http://linux. rz. ruhr-uni-
bochum. de/jargon/html/politics. html.

177 "社交公共事业"，好像它是一家 21 世纪的电话公司 (**social utility like the tele-
phone**): Mark Zuckerberg executive bio, Facebook Press Room, accessed on Feb. 8,
2011, www. facebook. com/press/info. php?execbios.

178 "用户来谷歌是因为他们选择使用谷歌" ("**come to Google because they choose
to**"): Greg Jarboe, "A 'Fireside Chat' with Google's Sergey Brin," Search Engine
Watch, Oct. 16, 2003, accessed Dec. 16, 2010, http://searchenginewatch. com/
3081081.

178 "未来的搜索引擎将会是个性化的" ("**the future will be personalized**"): Gord
Hotckiss, "Just Behave: Google's Marissa Mayer on Personalized Search," Search En-
gine Land, Feb. 23, 2007, accessed Dec. 16, 2010, http://searchengineland. com/
just-behave-googles-marissa-mayer-on-personalized-search-10592.

179 "是技术，而不是商业或政府" ("**It's technology, not business or government**"):
David Kirkpatrick, "With a Little Help from his Friends," *Vanity Fair*, Oct. 2010, ac-
cessed Dec. 16, 2010, www. vanityfair. com/culture/features/2010/10/sean-parker-201010.

179 "生物的第七界"（"**seventh kingdom of life**"）：Kevin Kelly，*What Technology Wants*（New York：Viking，2010）.

180 "每一件衬衣和帽衫都和我每天穿的一模一样"（"**shirt or fleece that I own**"）：Mark Zuckerberg，Remarks to Startup School Conference，*XConomy*，Oct. 18，2010，accessed Feb. 8，2010，http：//www. xconomy. com/san-francisco/2010/10/18/mark zuckerberg-goes-to-startup-school-video//.

181 "其他什么地方错了"（"**the rest of the world is wrong**"）：David A. Wise and Mark Malseed，*The Google Story*（New York：Random House，2005），42.

182 "牺牲掉很多人生其他领域的收获"（"**tradeoffs with success in other domains**"）：Jeffrey M. O'Brien，"The PayPal Mafia，"*Fortune*，Nov. 14，2007，accessed Dec. 16，2010，http：//money. cnn. com/2007/11/13/magazines/fortune/paypal _ mafia. fortune/index2. htm.

183 以 **15 亿美元将其出售给易趣**（**sold to EBay for ＄1. 5 billion**）：Troy Wolverton，"It's Official：eBay Weds PayPal，"*CNET News*，Oct. 3，2002，accessed Dec. 16，2010，http：//news. cnet. com/Its-official-eBay-weds-PayPal/2100-1017_ 3-960658. html.

183 "影响现有的社会和政治秩序，并迫使它们发生变化"（"**impact and force change**"）：Peter Thiel，"Education of a Libertarian，"*Cato Unbound*，Apr. 13，2009，accessed Dec. 16，2010，www. catounbound. org/2009/04/13/peter-thiel/the-education-of-a-libertarian.

183 "人生有两件不可逃脱的事，死亡和纳税，彼得想终结这两样"（"**...end the inevitability of death and taxes**"）：Chris Baker，"Live Free or Drown：Floating Utopias on the Cheap，"*Wired*，Jan. 19，2009，accessed Dec. 16，2010，www. wired. com/techbiz/startups/magazine/17-02/mf_ seasteading?currentPage = all.

183 "使得'资本主义民主'的概念陷入自相矛盾的境地"（"**'capitalist democracy' into an oxymoron**"）：Thiel，"Education of a Libertarian. "

184 "靠反对计算机谋生"（"**makes a living being against computers**"）：Nicholas Carlson，"Peter Thiel Says Don't Piss Off the Robots（or Bet on a Recovery），"*Business Insider*，Nov. 18，2009，accessed Dec. 16，2010，www. businessinsider. com/peter-thiel-on-obama-ai-and-why-he-rents-his-mansion-2009-11#.

184 "哪些技术需要培养"（"**which technologies to foster**"）：Ronald Bailey，"Technology Is at the Center，"Reason. com，May 2008，accessed Dec. 16，2010，http：//reason. com/archives/2008/05/01/technology-is-at-the-center/singlepage.

184 "我对企业的看法"（"**way I think about the business**"）：Deepak Gopinath，"PayPal's Thiel Scores 230 Percent Gain with Soros-Style Fund，"CanadianHedgeWatch. com，December 4，2006，accessed Jan. 30，2011 at www. canadianhedgewatch.

com/content/news/general/?id＝1169.

184 "投票会让事情变得更好"（"**that voting will make things better**"）：Peter Thiel, "Your Suffrage Isn't in Danger. Your Other Rights Are," *Cato Unbound*, May 1, 2009, accessed Dec. 16, 2010, www. cato-unbound. org/2009/05/01/peter-thiel/your-suffrageisnt-in-danger-your-other-rights-are.

185 访问了斯科特·海夫曼（**talked to Scott Heiferman**）：Interview with author, New York, NY, Oct. 5, 2010.

188 "技术没有善恶，也并非中立"（"**good or bad, nor is it neutral**"）：Melvin Kranzberg, "Technology and History：'Kranzberg's Laws,'" *Technology and Culture* 27, no. 3（1986）：544-60.

第七章　被迫照单全收

189 "数百万人做的复杂事情"（"**millions of people doing complicated things**"）：Noah Wardrip-Fruin and Nick Montfort, *The New Media Reader*, vol. 1（Cambridge：MIT Press, 2003）, 8.

189 "仍有待进一步相互比对"（"**yet to be completely correlated**"）：Isaac Asimov, *The Intelligent Man's Guide to Science*（New York：Basic Books, 1965）.

190 "你就有麻烦了"（"**you've got a problem**"）：Bill Jay, phone interview with author, Oct. 10, 2010.

191 为她量身定制的广告（**ads tailored to her**）：Jason Mick, "Tokyo's 'Minority Report' Ad Boards Scan Viewer's Sex and Age," Daily Tech, July 16, 2010, accessed Dec. 17, 2010, www. dailytech. com/Tokyos＋Minority＋Report＋Ad＋Boards＋Scan＋Viewers＋Sex＋and＋Age/article19063. htm.

191 艺术的未来（**the future of art**）：David Shields, *Reality Hunger：A Manifesto*（New York：Knopf, 2010）. Credit to Michiko Kakutani, whose review led me to this book.

193 被虚拟警察询问（**interrogated by a virtual agent**）：M. Ryan Calo, "People Can Be So Fake：A New Dimension to Privacy and Technology Scholarship," *Penn State Law Review* 114, no. 3（2010）：810-55.

193 长相友好的机器人基斯梅特使捐款增加了 30%（**Kismet increased donations by 30 percent**）：Vanessa Woods, "Pay Up, You Are Being Watched," *New Scientist*, Mar. 18, 2005, accessed Dec. 17, 2010, www. newscientist. com/article/dn7144-pay-up-you-are-being-watched. html.

193 "程序被设置成是彬彬有礼的"（"**Computers programmed to be polite**"）：Calo, "People Can Be So Fake."

194 "人类一路进化，与之相适应的不是 20 世纪的科技"（"**...not evolved to twentieth-**

century technology"）：Calo，"People Can Be So Fake."

195　几秒钟之内就可以调出其身份和犯罪记录（**check his or her identity and criminal record in seconds**）：Maureen Boyle，"Video：Catching Criminals？Brockton Cops Have an App for That，" *Brockton Patriot Ledger*，June 15，2010，accessed Dec. 17，2010，www. patriotledger. com/news/cops_ and_ courts/x1602636300/Catching-criminals-Cops-have-an-app-for-that.

195　"准确率高达 95%"（**"other images of you with 95% accuracy"**）：Jerome Taylor，"Google Chief：My Fears for Generation Facebook，" *Independent*，Aug. 18，2010，accessed Dec. 17，2010，www. independent. co. uk/life-style/gadgets-and-tech/news/google-chief-my-fears-for-generation-facebook-2055390. html.

197　"未来已至"（**"The future is already here"**）：William Gibson，interview on NPR's *Fresh Air*，Aug. 31，1993，accessed Dec. 17，2010，www. npr. org/templates/story/story. php?storyId = 1107153.

197　打上了你的身份标签（**your identity already tagged**）："RFID Bracelet Brings Facebook to the Real World，" Aug. 20，2010，accessed Dec. 17，2010，www. psfk. com/2010/08/rfid-bracelet-brings-facebook-to-the-real-world. html.

198　"高效地组织现实世界中的物品"（**"real world that can be indexed"**）：Reihan Salam，"Why Amazon Will Win the Internet，" *Forbes*，July 30，2010，accessed Dec. 17，2010，www. forbes. com/2010/07/30/amazon-kindle-economy-environment-opinions-columnists-reihan-salam. html.

198　"有些被称为'智能灰尘'"（**"some have termed 'smart dust'"**）：David Wright，Serge Gutwirth，Michael Friedewald，Yves Punie，and Elena Vildjiounaite，*Safeguards in a World of Ambient Intelligence*（Berlin/Dordrecht：Springer Science，2008），Abstract.

199　经过 4 年的共同努力（**four-year joint effort**）：Google/Harvard press release. "Digitized Book Project Unveils a Quantitative 'Cultural Genome，'" accessed Feb. 8，2011，www. seas. harvard. edu/news-events/news-archive/2010/digitized-books.

200　"审查和宣传"（**"censorship and propaganda"**）：Google/Harvard press release，"Digitized Book Project Unveils a Quantitative 'Cultural Genome，'" accessed Feb. 8，2011，www. seas. harvard. edu/news-events/news-archive/2010/digitized-books.

200　"近 60 种语言"（**"nearly sixty languages"**）：Google Translate Help Page，accessed Feb. 8，2011，http：//translate. google. com/support/?hl = en.

201　不断完善（**better and better**）：Nikki Tait，"Google to Translate European Patent Claims，" *Financial Times*，Nov. 29，2010，accessed Feb. 9，2010，www. ft. com/cms/s/0/02f71b76-fbce-11df-b79a-00144feab49a. html.

202 "不知道该作何感想"（**"what to do with them"**）：Danny Sullivan，phone interview with author，Sept. 10，2010.

202 "闪电崩盘"（**"flash crash"**）：Graham Bowley，"Stock Swing Still Baffles，with an Ominous Tone," *New York Times*，August 22，2010，accessed Feb. 8，2010，www. nytimes. com/2010/08/23/business/23flash. html.

202 《连线》……发人深省的文章（**provocative article in** *Wired*）：Chris Anderson，"The End of Theory：The Data Deluge Makes the Scientific Method Obsolete," *Wired*，June 23，2008，accessed Feb. 10，2010，www. wired. com/science/discoveries/magazine/16-07/pb_ theory.

203 科技最伟大的成就（**greatest achievement of technology**）：Hillis quoted in Jennifer Riskin，*Genesis Redux：Essays in the History and Philosophy of Artificial Life*（Chicago：University of Chicago Press，2007），200.

204 "广告主资助的媒体"（**"advertiser-funded media"**）：Marisol LeBron，" 'Migracorridos'：Another Failed Anti-immigration Campaign," North American Congress of Latin America，Mar. 17，2009，accessed Dec. 17，2010，https：//nacla. org/node/5625.

205 剧中人物在影片中将全程使用这两家公司的产品（**characters using the companies' products throughout**）：Mary McNamara，"Television Review：'The Jensen Project,'" *Los Angeles Times*，July 16，2010，accessed Dec. 17，2010，http：//articles. latimes. com/2010/jul/16/entertainment/la-et-jensen-project-20100716.

205 为植入式广告特别量身定做（**will be specially crafted to provide product-placement hooks throughout**）：Jenni Miller，"Hansel and Gretel in 3D？Yeah，Maybe." *Moviefone* Blog，July 19，2010，accessed Dec. 17，2010，http：//blog. moviefone. com/2010/07/19/hansel-and-gretel-in-3d-yeah-maybe.

205 正在推广这款口红（**the corporate owner of Lipslicks**）：Motoko Rich，"Product Placement Deals Make Leap from Film to Books," *New York Times*，Nov. 9，2008，accessed Dec. 17，2010，www. nytimes. com/2008/02/19/arts/19iht-20bookplacement. 101 77632. html?pagewanted = all.

207 增加21%的"购买意向"（**increase "purchase intentions" by 21 percent**）：John Hauser and Glen Urban，"When to Morph," Aug. 2010，accessed Dec. 17，2010，http：//web. mit. edu/hauser/www/Papers/Hauser-Urban-Liberali_ When_ to_ Morph_ Aug_ 2010. pdf.

207 "将其转化为有用的信息"（**"turn it into useful information"**）：Jane Wardell，"Raytheon Unveils Scorpion Helmet Technology," Associated Press，July 23，2010，accessed Dec. 17，2010，www. boston. com/business/articles/2010/07/23/raytheon_ unveils_ scorpion_ helmet_ technology.

208 "整个世界都变成了一块屏幕" ("turns the whole world into a display"): Jane Wardell, "Raytheon Unveils Scorpion Helmet Technology. "

208 不仅能够亲历赛场气氛，同时也能享受电视观众的全方位资讯覆盖 (the full high-information TV experience overlaid on a real game): Michael Schmidt, "To Pack a Stadium, Provide Video Better Than TV," *New York Times*, July 28, 2010, accessed Dec. 17, 2010, www. nytimes. com/2010/07/29/sports/football/29stadium. html?_ r = 1.

208 "增强认知" 研究……结合认知神经科学 (AugCog, which uses cognitive neuro-science): Augmented Cognition International Society Web site, accessed Dec. 17, 2010, www. augmentedcognition. org.

209 工作记忆提高了 500% (500% increase in working memory): "Computers That Read Your Mind," *Economist*, Sept. 21, 2006, accessed Dec. 17, 2010, www. economist. com/node/7904258?story_ id = 7904258.

209 至少有 16 种不同的方法 (at least sixteen different ways): Gary Hayes, "16 Top Augmented Reality Business Models," *Personalize Media* (Gary Hayes's blog), Sept. 14, 2009, accessed Dec. 17, 2010, www. personalizemedia. com/16-top-augmented-reality-business-models.

210 为人解决问题 (solve problems for people): Chris Coyne, interview with author, New York, NY, Oct. 6, 2010.

211 "'现实' 这个单词，是少数几个……" ("reality" is "one of the few words..."): Vladimir Nabokov, *Lolita* (New York, Random House, 1997), 312.

213 帮助其进行营销活动 (powering the marketing campaigns): David Wright et al, *Safeguards in a World of Ambient Intelligence* (London: Springer, 2008), 66, accessed through Google eBooks, Feb. 8, 2011.

214 "更多地让机器代替他们做决定" ("machines make more of their decisions"): Bill Joy, "Why the Future Doesn't Need Us. " *Wired*, Apr. 2000, accessed Dec. 17, 2010, www. wired. com/wired/archive/8. 04/joy. html.

第八章　逃离小圈子

217 "个人的本质" ("the nature of his own person"): Christopher Alexander et al. , *A Pattern Language* (New York, NY: Oxford University Press, 1977), 8.

217 《万维网万岁》 (Long Live the Web): Sir Tim Berners-Lee, "Long Live the Web: A Call for Continued Open Standards and Neutrality," *Scientific American*, Nov. 22, 2010.

219 "需要解决的核心问题" ("need to address the core issues"): Bill Joy, phone inter-view with author, Oct. 1 2010.

220 儿童的理想空间 (ideal nook for kids): Christopher Alexander et al. , *A Pattern Lan-*

guage，445，928-29.

220 "独特的模式语言"（"**distinct pattern language**"）：Christopher Alexander et al.，*A Pattern Language*，xvi.

220 "同族区"（"**city of ghettos**"）：Christopher Alexander et al.，*A Pattern Language*，41-43.

221 "抑制了所有显著的多样性"（"**dampens all significant variety**"）：Christopher Alexander et al.，*A Pattern Language*，43.

221 "方便迁徙"（"**move easily from one to another**"）：Christopher Alexander et al.，*A Pattern Language*，48.

221 "周围的人和价值观支持"（"**support for his idiosyncrasies**"）：Christopher Alexander et al.，*A Pattern Language*，48.

222 "心理肥胖症"（"**psychological equivalent of obesity**"）：Danah Boyd，"Streams of Content，Limited Attention：The Flow of Information through Social Media，" *Web* 2.0 *Expo*. New York，NY：Nov. 17，2007，accessed July 19，2008，www. danah. org/papers/talks/Web2Expo. html.

223 如何改良捕鼠器（**how to build a better mousetrap**）："A Better Mousetrap，" *This American Life* no. 366，aired Oct. 10，2008，www. thisamericanlife. org/radio-archives/episode/366/a-better-mousetrap-2008.

223 能抓到老鼠（**you'll catch your mouse**）："A Better Mousetrap，" *This American Life* no. 366，aired Oct. 10，2008，www. thisamericanlife. org/radio-archives/episode/366/a-better-mousetrap-2008.

223 "跳脱这个循环"（"**jumping out of that recursion loop**"）：Matt Cohler，phone interview with author，Nov. 23，2010.

226 欧洲各国器官捐赠的比例（**organ donation rates in different European countries**）：Dan Ariely as quoted in Lisa Wade，"Decision Making and the Options We're Offered，" *Sociological Images* Blog，February 17，2010，accessed December 17，2010，http：//thesocietypages. org/socimages/2010/02/17/decision-making-and-the-options-were-offered/.

229 "只有规制透明"（"**only when regulation is transparent**"）：Lawrence Lessig，*Code* (New York：Basic Books，2006)，2nd ed.，260，http：//books. google. com/books?id = lmXIMZiU8yQC&pg = PA260 &lpg = PA260&dq = lessig + political + response + transparent + code&source = bl&ots = wR0WRuJ61u&sig = iSIiM0pnEaf-o5VPvtGcgXXEeL8&hl = en&ei = 1bI0TfykGsH38Ab7-tDJCA&sa = X&oi = book _ result&ct = result&resnum = 1&ved = 0CBcQ6AEwAA#v = onepage&q&f = false.

230 "世界上最公开的秘密"（"**one of the world's worst kept secrets**"）：Amit Singhal，"Is Google a Monopolist? A Debate，" Opinion Journal，*Wall Street Journal*，Sept. 17，

2010，http：//online. wsj. com/article/SB10001424052748703466704575489582364177978. html?mod = googlenews_ wsj#U301271935944OEB.

231 "我们是具备诚实客观的报道能力的"（**"honest and objective about ourselves"**）："Philip Foisie's Memos to the Management of the *Washington Post*," November 10, 1969, accessed December 20, 2010, http：//newsombudsmen. org/articles/origins/article-1-mcgee.

231 "公共利益"（**"the common good"**）：Arthur Nauman，"News Ombudsmanship：Its Theory and Rationale," Press Regulation：How Far Has It Come? Symposium，Seoul，Korea，June 1994.

232 大多数美国人共同的期望（**that expectation is one that...most Americans share**）：Jeffrey Rosen，"The Web Means the End of Forgetting," *New York Times Magazine*，July 21，2010，www. nytimes. com/2010/07/25/magazine/25privacy-t2. html?_r = 1&pagewanted = all.

235 "帮助它触达更多的读者"（**"help it find a larger audience"**）：Interview with author，conducted not for attribution.

237 谷歌终究只是一家公司（**Google is just a company**）："Transcript：Stephen Colbert Interviews Google's Eric Schmidt on *The Colbert Report*," Search Engine Land，Sept. 22，2010，accessed Dec. 20，2010，http：//searchengineland. com/googles-schmidt-colbert-report-51433.

237 向受众公开各方的见解（**expose their audiences to both sides**）：Cass R. Sunstein，*Republic. com*（Princeton：Princeton University Press，2001）.

240 "我们不应该……就接受"（**"we shouldn't have to accept"**）：Caitlin Petre，phone interview with Marc Rotenberg，Nov. 5，2010.

241 出错的概率高达 **70%**（**and 70 percent do**）："Mistakes Do Happen：Credit Report Errors Mean Consumers Lose," US PIRG，accessed Feb. 8，2010，www. uspirg. org/home/reports/report-archives/financial-privacy-security/financial-privacy-security/mistakes-do-happen-credit-report-errors-mean-consumers-lose.

索　引

（所注页码为英文原书页码，即本书边码）

译后记

读到这里，相信读者们多少能感受到作者伊莱·帕里泽强烈的现实关怀。《过滤泡》一书读起来并不晦涩，相反，作者结合自身生活经验以及对互联网业内外相关人士的采访，在政治、历史、传播、建筑、军事、环保等多个领域旁征博引（读者有兴趣仍可继续深入研究），力图以丰富生动的方式为我们展示个性化推荐机制背后复杂的蕴意。帕里泽虽然对于个性化过滤泡持有谨慎的态度，但并非全盘否定互联网或者过滤泡对人类社会的积极意义，你如果听过帕里泽的演讲或者登录过 MoveOn. org，就会发现他自己也是利用互联网平台推动社会进步力量的一分子，他对于互联网抱持着乐观进取的态度，正如他在本书末尾所说："网络兴起伊始，愿望是人人相连，网民自主，而保护这份初心是我们所有人不容推脱的当务之急。"正是因为他相信未来互联网能够走向更加符合初心的未来，所以他与我们分享了对于过滤泡的思考，并希望我们有所行动。

"对消费者有益的信息，不一定对公民有益。"帕里泽在此书中对于互联网的观察，更加关注的是个性化过滤泡对于公民社会的形塑、对于未来人类文明产生的影响。过滤泡对于信息在我们头脑中的输入、处理以及输出都产生着不可估量的作用，进而影响我们形成创新、达成共识、做出决策的方式。中国有句古话叫作"兼听则明，偏听则暗"，强调的是意见多样性对于正确决策的重要性，也颇有异曲同工之妙。当然，相比之下，过滤泡对于我们的影响更是深远得多。我们是否意识到自己做出正确决策所需要的信息应准确、完整、全面？我们是否意识到技术和媒介对于头脑中观点的形成和创新的产生造成的影响？我们是否认真思考过我们每一个点击对于人类文明进程的意义？

在一个"机器，正在生物化；而生物，正在工程化"的时代，这样的思考显得尤为重要。

在本书的最后，帕里泽还对公民个人、公司、政府在戳破过滤泡或者减轻过滤泡负面影响的方式上建言献策，鼓励各界为一个更加透明、平等而具有足够公共空间的网络世界而努力。除了方法论上的内容，更重要的是，借助作者的这份思考，我们应该对与我们的生活已密不可分的网络空间运作逻辑保持足够的清醒和理性。也许接下来，我们还能再思考的是，个性化推荐未来的发展形态是什么？我们如何摆脱"信息蚕茧"的影响？除了个性化过滤泡，其他更多互联网技术发展以及程序员手中的编码对我们的生活、对社会的发展、对人类文明有什么影响？

从人类文明史或者媒介传播史来看，互联网是在最短时间内引起极大变革的技术和媒介，承载人类无数浪漫的想象以及成为让无数人着迷的思辨源泉。如今，在书中提到的一些互联网公司和产品已经成为历史，或者已经多次迭代（为了便于读者认识和理解，译文中也对书中出现的主要的互联网公司和产品做了简要介绍），但作者这份对现实问题的关切以及对互联网及其未来的深刻思考却是不过时的，并在今日越来越得到验证（比如近些年脸书深陷数据隐私丑闻以及与政治选举相关的传闻）。能够得到作者的支持，得以翻译这本书，在作者的思想殿堂边走边思考，并有机会让不同的思想得以借助文字的力量加速传播，本身便是一件美妙的事情。译文中如果有什么错漏之处，也请读者不吝探讨与交流。

在此，要特别感谢四位专家老师对本书的大力推荐：李良荣老师对自己学生的作品一向都是全力支持的，戴丽娜老师在筹备乌镇互联网大会的百忙中发来推荐语，而洪延青老师在深夜发来评价，还追问写得是否合适，这些都让译者非常感动。而顾理平老师在十一假期中倾情为本书作序，对译者的请求一口答应，让学生倍感温暖。

而译者得以翻译此书也有很多因缘际会：首先要感谢复旦大学新闻学院的白红义教授的牵线搭桥，就书中某些翻译内容他还给译者提出了宝贵建议；在交稿的过程中，中国人民大学出版社的翟江虹老师给予译者无限的耐心，不忘提醒译者要进一步完善书稿的整体结构，约请推荐语和序言等。在译稿完成的最后冲刺阶段，恰逢新型冠状病毒肆虐，而翟老师无私地贡献了宝贵的时间、智力和技术支持。在翻译的过程中，作者曾向中国人民大学新闻学院的董晨宇老师咨询和求教过，在此也一并感谢。

我们希望在互联互通的世界，多一份心安、添一点丰富、献一分力量。

方师师　杨　媛

2020 年 2 月

译者附记

承蒙学人厚爱，《过滤泡》中译本出版以来有不少读书会选择阅读本书，也有一些书评陆续在发表。借第二次印刷之机，特制作成二维码择要收入，以飨读者。

评论文章　　三期《过滤泡》　云端读书会第九　喜马讲书：社科_
　　　　　　读书会　　　　期_ 智能时代的　《过滤泡》：互联网
　　　　　　　　　　　　　"破茧而出"：过　如何以"个性化"
　　　　　　　　　　　　　滤泡与网络生存　为名，隐秘操纵着
　　　　　　　　　　　　　方式　　　　　　你的思想？

图书在版编目（CIP）数据

过滤泡：互联网对我们的隐秘操纵 ／（美）伊莱·帕里泽（Eli Pariser）著；方师师，杨媛译. --北京：中国人民大学出版社，2020. 8

（新闻与传播学译丛. 学术前沿系列）

书名原文：The Filter Bubble：What the Internet is Hiding from You

ISBN 978-7-300-28330-2

Ⅰ.①过… Ⅱ.①伊… ②方… ③杨… Ⅲ.①互联网络-研究 Ⅳ.①TP393.4

中国版本图书馆 CIP 数据核字（2020）第 115859 号

新闻与传播学译丛·学术前沿系列

过滤泡

互联网对我们的隐秘操纵

[美] 伊莱·帕里泽（Eli Pariser） 著

方师师　杨　媛　译

Guolüpao

出版发行　**中国人民大学出版社**

社　　址　北京中关村大街 31 号　　　　　**邮政编码**　100080

电　　话　010 - 62511242（总编室）　　　　010 - 62511770（质管部）
　　　　　　010 - 82501766（邮购部）　　　　010 - 62514148（门市部）
　　　　　　010 - 62515195（发行公司）　　　010 - 62515275（盗版举报）

网　　址　http://www. crup. com. cn

经　　销　新华书店

印　　刷　北京宏伟双华印刷有限公司

规　　格　170 mm×240 mm　16 开本　　　**版　　次**　2020 年 8 月第 1 版

印　　张　16 插页 2　　　　　　　　　　　**印　　次**　2022 年 4 月第 3 次印刷

字　　数　228 000　　　　　　　　　　　**定　　价**　59. 80 元